Hermann Nothnagel

Über die Lokalisation der Gehirnkrankheiten

Hermann Nothnagel

Über die Lokalisation der Gehirnkrankheiten

ISBN/EAN: 9783743361966

Hergestellt in Europa, USA, Kanada, Australien, Japan

Cover: Foto ©berggeist007 / pixelio.de

Manufactured and distributed by brebook publishing software
(www.brebook.com)

Hermann Nothnagel

Über die Lokalisation der Gehirnkrankheiten

UBER DIE LOCALISATION

DER

GEHIRNKRANKHEITEN.

VON

DR. H. NOTHNAGEL, UND DR. B. NAUNYN.

PROFESSOR AN DER UNIVERSITÄT GEHEIMER MED.-RATH UND PROF. AN
IN WIEN. DER UNIVERSITÄT KÖNIGSBERG.

MIT ZWEI DOPPEL-TAFELN.

Separatabdruck aus den „Verhandlungen des VI. Congresses für Innere
Medicin zu Wiesbaden. 1887."

WIESBADEN.

VERLAG VON J. F. BERGMANN

1887.

Ueber die Localisation der Gehirnkrankheiten.

Referent: Herr Nothnagel (Wien):

Hochgeehrte Herren! Die scharfsinnige Combination Bouillaud's über die Localisirung des articulirten Sprachvermögens war ohne unmittelbar befruchtenden Einfluss auf das Studium der Gehirnfunctionen geblieben. Die Lehren von Flourens nahmen durch Jahrzehnte die mafsgebende Stelle ein. Da kamen nacheinander Broca's glänzende klinische Beobachtung, die geniale anatomisch-physiologische Auffassung des Gehirnes durch Meynert, die bahnbrechende experimentelle Untersuchung von Hitzig und Fritsch. Diese drei wissenschaftlichen Thaten bilden den Ausgangspunkt einer Bewegung, deren Wellen bei Weitem noch nicht zur Ruhe gekommen sind. Sie waren die pfadfindenden Schritte auf einem Gebiete, zu dessen Erforschung seitdem viel Scharfsinn, viel Mühe aufgewendet ist. Ein Abschluss der streitigen Fragen steht noch aus; um die einzelnen Punkte wogt der Kampf noch hin und her. Aber doch hat die rastlose Arbeit der Forscher, Physiologen wie Pathologen, auch schon manche Frucht eingebracht; und gerade einzelne der leitenden, der grossen Gesichtspunkte beginnen bereits festere Umrisse anzunehmen.

Wenn wir, mein Herr Mitreferent und ich, die ehrenvolle Aufgabe übernommen haben, die dornige Frage der Localisation der Gehirnkrankheiten anzufassen, so ist uns das Wagniss dieses Unter-

1*

nehmens wohl bewusst. Innere und äussere Gründe gestalten es zu
einem solchen. Vor Allem die gewichtigsten inneren deshalb, weil
der Boden selbst, auf welchem wir uns bewegen sollen, noch an
vielen Stellen schwankt. Dann aber auch äussere, weil bei der ge-
botenen beschränkenden Auswahl aus der bereits vorhandenen Fülle
von Einzelheiten leicht auch Wichtigeres übergangen werden kann;
und ferner weil die Gruppirung des Materiales und die formale Behandlung desselben behufs Anregung der Discussion Schwierigkeiten
darbietet. Wir bitten deshalb von vornberein um Ihre gütige
Nachsicht.

Für den Kliniker ist es auf einem Congresse für innere Medicin
naturgemäfs, dass er die Localisationsfrage vom Standpunkte des
Klinikers, auf Grund der pathologischen Erfahrung in erster Linie
erörtert. Wir wollen nicht die Ergebnisse der verschiedenen For-
schungsmethoden gegeneinander abwägen, nicht die Richtigkeit und
den Werth der einen mit Hülfe der anderen kritisiren. Unbeeinflusst
durch die Ergebnisse und Gesichtspunkte der anderen Forschungs-
methoden werden wir bestrebt sein, uns zunächst schlicht an das zu
halten, was durch die Beobachtung am kranken menschlichen Gehirne für die Frage der Localisation festgestellt werden
kann. Die Schlüsse, zu welchen das Studium der gröberen und fei-
neren Anatomie des Gehirnes, die Kenntniss seiner embryologischen
Entwickelung, die Vergleichung seines Aufbaues bei verschiedenen
Thierklassen etwa berechtigen würden, sollen nicht herangezogen
werden. Vor Allem aber wollen wir uns auch die Beschränkung
auferlegen, die experimentellen Thatsachen sowie die Streitfragen
der Physiologie unerörtert zu lassen. Ihre beiden Referenten glauben
auch ohne ausdrückliche Vertheidigung gegen den Vorwurf einer
Minderschätzung der physiologisch-experimentellen Forschung ge-
schützt zu sein; und andererseits bedarf es nicht unserer Bemühung,
um das Licht, welches von der experimentellen Forschung auch für
dieses Wissensgebiet ausstrahlt, noch in eine besondere Beleuchtung
zu rücken. Der Boden jedoch, auf dem wir stehen müssen, ist die
Beobachtung am Krankenbette, am Leichentische. Es ist der Boden,
auf welchem auch jener erste unverrückbare Markstein für die Localisation, die Thatsache der Sprachelocalisation, durch Broca ge-

funden wurde. So unanfechtbar der Standpunkt der Physiologie ist, ihre eigenen Wege zu wandeln, die Ergebnisse des Experimentes nur wieder durch das Experiment zu prüfen — ebenso berechtigt, und gerade auf diesem Gebiete vollauf berechtigt, ist der Anspruch der Klinik, die Frage der Localisation für das menschliche Gehirn mittelst der klinischen Beobachtung zu studiren. Kein Einsichtsvoller wird behaupten, dass die durch umschriebene krankhafte Prozesse hervorgerufenen Veränderungen des menschlichen Gehirnes bei entsprechender Kritik weniger brauchbar seien für das Studium der Localisationsfrage, als irgend welche durch physikalische oder chemische Eingriffe erzeugten Zerstörungen am Thierhirn. Was so, im Laufe der letzten drei Lustren, durch die klinische Untersuchung als Besitzstand auf diesem bedeutungsvollen und hochinteressanten Gebiete erworben ist, davon wollen wir die Summe zu ziehen, darüber einen Ueberblick zu geben versuchen.

Wir hoffen auf Ihre volle Zustimmung rechnen zu können, wenn wir uns bei unserem Thema auf die Localisation in der Grosshirnoberfläche, auf die Rindenerkrankungen beschränken. Die Möglichkeit der Localisation von Erkrankungen des weissen Marklagers, der Inneren Kapsel, der Pedunculi und sonstiger Partieen wird allseitig zugegeben; die Semiotik derartiger Herde kann im Einzelnen streitig sein, aber principielle Fragen wie bei den Rindenläsionen stehen nicht zur Discussion. Nur die Hirnoberfläche wird deshalb den Gegenstand unserer Erörterungen abgeben.

Ueberblicken wir die überwältigende Fülle von Fragen, welche auf dem Gebiete der Physiologie und Pathologie der Hirnrinde sich aufdrängen, so ist eines unabweislich bezüglich der uns beiden Referenten gestellten Aufgabe einer- und der uns zugemessenen Zeit andererseits. Wir müssen unsere Arbeit nicht nur theilen, sondern auch auf das Aeusserste beschränken. Das Ciselirwerk der Einzelheiten müssen wir bei Seite lassen, um nur einige entscheidende Orientirungspunkte klar und bestimmt in's Auge zu fassen. Die fundamentale Frage, ob überhaupt auf Grund der pathologischen Beobachtungen eine Localisation in der Hirnrinde anzunehmen sei, ist für das menschliche

Gehirn principiell entschieden — sie muss mit einem bündigen „Ja" beantwortet werden. Entschieden ist sie seit Broca's unvergänglicher Beobachtung. An diesem Markstein ist nicht zu rütteln. Wer die Richtigkeit dieser Thatsache anerkennt — und ein unbefangener Kliniker k a n n sie nicht in Abrede stellen — steht damit grundsätzlich auf dem Standpunkte der Localisation. Für ihn kann die Frage nur lauten, ob wir zur Stunde schon genügendes, sicher festgestelltes klinisches Material besitzen, um auch für andere functionelle Vorgänge eine analoge umschriebene Localisirung annehmen zu können.

Sie wissen, hochgeehrte Herren, mannigfach ist die methodische Behandlung gewesen, welche man dem klinischen Material hat angedeihen lassen, um aus ihm die Antwort auf die soeben ausgesprochene Frage zu entnehmen. Meines Bedünkens ist die Thatsache, dass man auf den verschiedensten Wegen immer an das annähernd gleiche Ziel gelangt ist, ein nicht zu unterschätzendes Moment dafür, dass dieses Ziel das richtige ist. Und umgekehrt geht daraus auch hervor, dass schliesslich alle diese Methoden ihre Berechtigung haben. Eine eingehende Kritik derselben kann hier nicht gegeben werden. Keine wird ausschliesslich zur Anwendung kommen dürfen. Wenn ich jedoch meine persönliche Anschauung aussprechen darf, so halte ich auch heute noch mit C h a r c o t und P i t r e s, den um den klinischen Theil der Localisationsfrage hochverdienten Forschern, die, um es in ein kurzes Wort zu pressen, „Methode der kleinsten Herde" für die beste. Was das heissen soll, liegt auf der Hand: möglichst isolirte Störung (am besten Ausfallserscheinung), möglichst alte stationäre Erkrankung (am besten Blut- oder Erweichungsherd), möglichst eng umschriebene Läsion. Wenn dann dieselbe isolirte Störung immer an die Läsion derselben Oertlichkeit gebunden ist; wenn diese Störung bei keiner anderen Erkrankungsstelle als dauernde Ausfallserscheinung auftritt, und die Läsion dieser Stelle nie ohne diese Störung besteht; wenn endlich alle anscheinend widersprechenden Beobachtungen eine ungezwungene andere Deutung zulassen — dann ist der Schluss unabweislich: diese umschriebene Stelle muss als eine — ganz allgemein gesprochen — Centralstelle für die fragliche Function angesehen werden.

Ich wende mich jetzt zum Thatsächlichen und beginne mit der Localisation des Gesichtssinnes.

Wenn ich mich hier wie bei den folgenden Punkten darauf beschränken muss, nur zusammenfassend zu erörtern, und das gesammte casuistische Beweismaterial nicht im Einzelnen vorführen kann, so bedauere ich dies auf das Lebhafteste, aber die Kürze der Zeit zwingt diese Beschränkung auf.

Die Störungen des Gesichtssinnes, welche bis jetzt beim Menschen im Zusammenhange mit Rindenerkrankungen beobachtet wurden, sind folgende:

1. Hemianopsie;
2. Vollständige Blindheit;
3. Störung des Farbensinnes;
4. Seelenblindheit;
5. Subjective Lichtempfindungen und Gesichtsbilder.

Dagegen ist es bis jetzt nicht mit voller Sicherheit festgestellt, dass bei einer einseitigen Rindenerkrankung ausschliesslich das eine gekreuzte Auge amblyopisch wurde. Allerdings liegen einige solche Angaben vor, aber soweit ich übersehen kann, lassen dieselben sämmtlich den Einwand zu, dass die perimetrischen Untersuchungen nicht so genau angestellt sind, um den Einwurf dennoch vorhanden gewesener incompleter Hemianopsie zu entkräften, indem entweder ein identischer inselförmiger Gesichtsfelddefect, oder der Ausfall eines Quadranten oder Octanten der Gesichtsfeldhälften bestand.

Ueber die klinischen Verhältnisse dieser bisher beobachteten corticalen Sehstörungen mich eingehend zu verbreiten, ist hier unmöglich. Kurz skizzirt sind sie folgende:

Bei der Hemianopsie handelt es sich um Blindheit in den homonymen meist lateralen Gesichtsfeldpartieen; es werden von denselben her Lichteindrücke überhaupt nicht wahrgenommen.

Die vollständige Blindheit, welche nur bei doppelseitigen Herden constatirt wurde, ist als eine doppelseitige Hemianopsie aufzufassen.

Die Seelenblindheit — ich behalte diesen einmal eingeführten Ausdruck, der schon Bürgerrecht erworben hat, bei — ist bereits in einer grösseren Reihe von Fällen festgestellt worden, und zwar nicht

nur bei Geisteskranken mit allgemeiner Paralyse, sondern auch bei
einfachen gewöhnlichen Malacien. Bei derselben besteht die einfache
optische Wahrnehmung, die Aufnahme der Lichteindrücke als solcher
fort, der Kranke sieht, aber er vermag die Retinaleindrücke nicht
mehr zu deuten, nicht psychisch zu verwerthen, verbindet keine Vorstellungen mehr mit denselben, die optischen Erinnerungsbilder sind
ihm abhanden gekommen.

Einige Male konnte neben der Seelenblindheit auch Farben-
blindheit ermittelt werden. Ob diese letztere jedesmal und immer
zu dem klinischen Bilde der Seelenblindheit gehört, kann noch nicht
entschieden werden. Dagegen liegen einige Beobachtungen vor, dass
bei sonst intactem Sehvermögen die Farbenempfindung isolirt verloren ging.

Ferner, was von Wichtigkeit ist: es wurde schon festgestellt, dass
bei demselben Kranken Hemianopsie gepaart mit Seelenblindheit bestand, d. h. die homonymen Gesichtsfeldhälften einerseits waren
physisch blind, die von ihnen kommenden Lichteindrücke wurden
überhaupt nicht wahrgenommen; in den homonymen Gesichtsfeldhälften der anderen Seite dagegen bestand allerdings die einfache
optische Wahrnehmung, der Kranke sah, aber er konnte die optischen
Bilder nicht psychisch verwerthen.

Endlich sind, namentlich von Individuen mit progressiver Paralyse und mit Oberflächentumoren, aber auch bei Erweichungen, subjective Lichterscheinungen und hallucinatorische Gesichtsvorstellungen
angegeben worden, welche zweifellos mit den vorhandenen anatomischen Rindenaffectionen in Verbindung gebracht werden müssen.
Diese Lichterscheinungen waren meist doppelseitig, auf beiden Augen
vorhanden, wenn auch öfters auf dem einen stärker. Es ist kein
stichhaltiger Einwand denkbar gegen die Annahme, dass diese optischen Phänomene das Analogon der sogenannten Rindenconvulsionen
darstellen, als Effect irritativer Vorgänge in denjenigen Rindenge-
bieten anzusehen sind, deren andersartige Erkrankung sonst Hemianopsie und Seelenblindheit bedingt.

Dies das Klinische.

Leichenbefunde, schon genügend zahlreich für die Ermöglichung
von Schlüssen, liefern nun den Beweis, dass das Auftreten dieser

mannichfachen Sehstörungen (ich spreche immer nur von Rinden-
sehstörungen) gebunden ist an Erkrankungen des Occipitallappens,
und zwar meiner Ansicht nach ausschliesslich an solche des Occipitallappens. Dies gilt natürlich nur für die Fälle, in welchen die Sehstörungen dauernde Ausfallserscheinung, also directes Symptom sind.
Vorübergehend können Sehstörungen als indirectes Symptom, als
Fernerscheinung auch bei Erkrankungen des Parietal- oder Temporal-
lappen auftreten, aber solche Fälle liefern natürlich nicht den min-
desten Beweis dafür, dass die Rinde des Schläfe- und Scheitellappens
beim Menschen zur Sehsphäre gehöre.

Hochwichtig ist jetzt die Frage, wie sich den klinischen Verschiedenheiten der Sehstörungen gegenüber die anatomischen Befunde verhalten? ob die letzteren uns irgend einen Anhaltspunkt
gewähren, um zu einer physiologischen Auffassung zu gelangen?
Wir sehen dabei von jedem Eingehen auf klinische Einzelheiten
ab, für deren Beantwortung zur Zeit auch noch die anatomische
Grundlage mangelt, und halten uns zunächst nur an die beiden
grossen Hauptgruppen der Erkrankungsformen: Hemianopsie bezw.
doppelseitige Hemianopsie einerseits, Seelenblindheit mit oder ohne
Hemianopsie andererseits. Giebt es Verschiedenheiten des anatomischen Befundes bei der einen und bei der anderen Gruppe? und
wenn, worin bestehen dieselben?

Mit Zuverlässigkeit berechtigt die bisherige klinische Erfahrung,
folgenden Satz auszusprechen: beim Menschen ist das Auftreten
dauernder corticaler Hemianopsie gebunden an die Läsion der Rinde
des Occipitallappens. Rindenläsionen anderer Theile haben nie
dauernde Hemianopsie im Gefolge; und die Beobachtungen, in welchen
dies anscheinend doch der Fall war, lassen ihrem anatomischen Befunde gemäss die Möglichkeit des Einwandes zu, dass in ihnen die
Hemianopsie durch Betheiligung der inneren Kapsel und der Gra-
tiolet'schen Sehstrahlung bedingt war. Dass Herde im weissen
Marklager des Occipitallappens von Hemianopsie begleitet sein können,
berührt selbstverständlich nicht den soeben ausgesprochenen Satz.

Gegen denselben lässt sich aber anscheinend ein anderer Einwand machen: nämlich, es gebe eine Reihe von Beobachtungen, wo
trotz vorhandener Läsion der Occipitalrinde Hemianopsie nicht be-

stand. Indessen verhält es sich mit diesen Beobachtungen folgendermafsen: Die eine Gruppe derselben besitzt überhaupt keine Beweiskraft für unsere Frage, weil genaue Prüfungen des Sehvermögens,
insbesondere perimetrische, nicht vorgenommen wurden. Und ge-
ringere hemianoptische Defecte gehören, wie bereits oben angedeutet,
bekanntlich zu denjenigen Symptomen, welche gesucht werden müssen,
sich nicht sofort darbieten. Die andere Gruppe aber, in welcher
wirklich laut Untersuchung Hemianopsie trotz Occipitalrindenläsion
fehlte, bildet nur einen scheinbaren Einwand; bei näherer Betrachtung
führt sie zu weiteren interessanten Schlüssen und diese sind folgende.

Auf die Gefahr hin, zunächst vielleicht lebhaftem Widerspruche
zu begegnen, wage ich es doch, meine aus dem bis jetzt vorliegenden klinisch-anatomischen Material gewonnene Anschauung dahin
auszusprechen:

Keineswegs ist die Rinde des ganzen Occipitallappens physiologisch gleichwerthig für das Sehvermögen. Vielmehr ist die einfache optische Wahrnehmung, die Aufnahme der von den Objecten
ausgehenden Lichteindrücke, auf eine ziemlich umgränzte Partie der
Occipitalrinde beschränkt. Und zwar glaube ich aus den Beobachtungen
die Vermuthung entnehmen zu dürfen, dass das optische Wahrnehmungscentrum wesentlich in der Rinde des Zwickels und der ersten
Occipitalwindung sich finde.

Zur Begründung dieser Vermuthung berufe ich mich auf Folgendes:
Das wichtigste Beweismoment giebt die Methode der kleinsten Herde.
Es existiren bis jetzt meines Wissens vier Fälle (H a a b , H u g n e -
n i n , F é r é , S é g u i n gehörig), in welchen bei einer selbst bis
über Jahresfrist dauernden Hemianopsie als einzige Veränderung eine
eng umschriebene Läsion des Cuneus sich fand. Dann giebt es
einige Beobachtungen, so eine von B e r g e r und eine kürzlich von
mir gemachte, die ich an anderer Stelle ausführlich mittheilen werde,
in welchen bei Rindenblindheit, d. h. bei doppelseitiger Hemianopsie,
neben breiter Zerstörung der Occipitalrinde einerseits, auf der anderen
Seite nur eine umschriebene Läsion von O_1 (gestatten Sie gütigst
diese Abkürzung) bestand. Da bisher nur bei solchen ganz umschriebenen Herden, welche den Cuneus und O_1 betrafen, dauernde
Hemianopsie constatirt ist, bei anders localisirten kleinen Zerstö-

rungen der Occipitalrinde nicht, liegt es nahe, die genannten Rinden-
particeen in Beziehung zu bringen zum optischen Wahrnehmungscentrum. Séguin bereits hat die Zerstörung des Zwickels für die
Hemianopsie in Anspruch genommen. Ich stimme ihm darin bei,
möchte aber auf Grund der Beobachtungen noch die erste Occipitalwindung hinzufügen.

Als zweites Beweismoment führe ich an, dass bei ausgebreiteten
Läsionen der Occipitalrinde, wenn sie Hemianopsie veranlassen, Cuneus und O_1 fast immer mitbetroffen sind (auf die wenigen Ausnahmefälle komme ich alsbald zurück).

Einen dritten Grund für die Annahme der physiologischen
Differenzirung der einzelnen Windungen der Occipitalrinde mit Rücksicht auf das Sehvermögen erblicke ich darin, dass manche derselben
zerstört sein können, ohne dass doch Hemianopsie auftritt. Es sind
dies O_2 und O_3, der Lobulus lingualis und fusiformis. Es existirt
eine ganze Reihe solcher Beobachtungen. Allerdings ist nicht zu
leugnen, dass einige Male bei so gelegenen Rindenherden, also ohne
Betheiligung des Cuneus und O_1, auch Hemianopsie da war. Für
einen Bruchtheil dieser Fälle können wir die Erklärung wohl darin
suchen, dass neben der Rindenläsion das Marklager erkrankt war,
mit Durchbrechung der Sehstrahlungen von Cuneus und O_1. Für
einige Fälle freilich hat diese Deutung keine Berechtigung, und
diese würden demnach in Widerspruch mit der angegebenen For-
mulirung stehen. Da diese Fälle jedoch in einer verschwinden-
den Minderheit sind, so liegt die Frage nahe, ob für sie nicht eine
andere Möglichkeit der Auffassung besteht. Meines Bedünkens liegt
eine solche in Folgendem.

Hinsichtlich einzelner Localisationen scheint regelmässiger eine
engere, schärfere Umgrenzung zu bestehen, als für andere. Das
erstere trifft z. B. für die motorische Innervation der Extremitäten,
des N. facialis und hypoglossus zu; das letztere für das optische
Wahrnehmungscentrum. Da möchte ich nun darauf hinweisen, dass
die anatomische Abgrenzung der Centralwindungen constanter und
schärfer sich darstellt, während die Occipitalwindungen viel mehr
Variationen in ihrer anatomischen Gestaltung und Abgrenzung darbieten. Sollte das nicht den Gedanken nahelegen, dass mit dieser

anatomischen Variabilität auch eine gewisse Variabilität der Localisirung der Rindenfelder verbunden sei? Falls diese Vorstellung richtig wäre, könnte sie wohl manchen Fall erklären, in welchem kleine, von dem Gewöhnlichen abweichende Verschiebungen des Rindenfeldes sich finden.

Wie aber auch im Einzelnen das weitere thatsächliche Material die Localisirung des optischen Wahrnehmungscentrums gestalten möge, das eine scheint mir festzustehen, dass dasselbe an eine umschriebene Stelle der Occipitalrinde gebunden ist.

Für die andere Form corticaler Sehstörung, die S e e l e n b l i n dh e i t, können wir, meine ich, bereits heute die anatomische Grundlage ebenfalls in einer Erkrankung des Occipitallappens suchen. Allemal, wenn diese eigenthümliche Erscheinung bestand, waren die Occipitalwindungen entweder allein, oder doch neben denen anderer Lappen erkrankt. Das vorliegende klinische Material muss allerdings mit besonderer Kritik entgegengenommen werden, weil es zum grossen Theil Paralytikern entstammt, deren Intelligenz der genauen Untersuchung oft Schwierigkeiten bereitet; aber doch gestattet ein Theil desselben, namentlich die Beobachtungen an Nichtparalytikern, brauchbare Schlüsse. Der Begriff Seelenblindheit ist hier in der oben ausgesprochenen Fassung genommen: der Kranke hat Lichteindrücke, sieht, aber er erkennt die Gegenstände nicht mehr, die optischen Erinnerungsbilder sind ihm verloren gegangen.

Wie kommt es nun, dass bei Läsionen des Occipitallappens einmal Hemianopsie oder Blindheit, das andere Mal Seelenblindheit auftritt?

Man könnte daran denken, dass vielleicht eine Verschiedenheit bezüglich der Tiefe der Rindenaffection diese Differenz erklärte, dass etwa bei oberflächlicher Erkrankung der Rinde nur Seelenblindheit, bei tiefer Zerstörung Hemianopsie bezw. vollständige Blindheit zu Stande käme. Dem stellen sich aber die anatomischen Thatsachen direct entgegen.

Dagegen möchte ich, an der Hand des bis jetzt vorhandenen Materiales, zu der Meinung gelangen, dass, den Cuneus und die erste Occiptalwindung ausgenommen, die übrige Occipitalrinde ganz oder theilweise das optische Erinnerungsfeld darstellt.

In voller Ausbildung wird die Seelenblindheit beobachtet, wenn, abgesehen vom Zwickel und O_1, die Occipitalrinde beiderseitig erkrankt ist. Doch existiren auch einige Fälle, in welchen Seelenblindheit angeblich auf einem Auge bei einseitiger Rindenläsion bestand. Indessen scheint aus den Krankengeschichten mit Sicherheit hervorzugehen, dass keineswegs das eine (gekreuzte) Auge allein und ausschliesslich betroffen war, vielmehr wurden Störungen auch auf dem zweiten (ungekreuzten) Auge angegeben, nur ist die Intensität der Störung auf dem gekreuzten Auge bedeutender.

Es würde sich demnach die Localisirung in der Occipitalrinde folgendermafsen gestalten:

1. Cuneus und O_1 enthalten das optische Wahrnehmungsfeld, ihre einseitige Läsion erzeugt Hemianopsie, die beiderseitige vollständige Blindheit.
2. Die übrige Occipitalrinde enthält das optische Erinnerungsfeld, ihre Läsion erzeugt Seelenblindheit. Ob das optische Erinnerungsfeld nur einen Theil dieser übrigen Occipitalrinde, und dann welchen bedeckt, ist eine heute noch ganz unbeantwortbare Frage.
3. Ist auf der einen Seite Cuneus, O_1 und die übrige Occipitalrinde lädirt, auf der anderen Seite die Occipitalrinde mit Ausschluss von Cuneus und O_1, so tritt entsprechend jener Seite Hemianopsie ein, entsprechend dieser Seelenblindheit.

Ausdrücklich möchte ich übrigens noch betonen, dass nach den vorliegenden Beobachtungen von der Seelenblindheit in dem eben bestimmten Sinn die „Wortblindheit", d. h. die Fähigkeit Geschriebenes oder Gedrucktes zu lesen, getrennt werden muss. Es existiren mehrere Krankengeschichten, wonach Wortblindheit ohne Seelenblindheit bestand. Das nähere Eingehen auf diesen Punkt überlasse ich meinem Herrn Mitreferenten.

Das früheste (historisch genommen) und, von den Sprachstörungen abgesehen, auch eingehendste Interesse hat sich den motorischen Rindenstörungen zugewendet. Aus diesem Grunde, und weil die Motilitätsstörungen sofort in die Augen fallen, hat sich in dieser Richtung schon ein recht grosses Beobachtungsmaterial angesammelt.

Die Ergebnisse desselben sind bekannt, und ich verzichte deshalb darauf, Ihre Aufmerksamkeit zu beanspruchen für Dinge, welche von klinischer Seite wohl ziemlich allgemein angenommen und anerkannt sind. Nur der Vollständigkeit wegen gestatten Sie mir einen summarischen Ueberblick.

Da uns hier nur die Frage der Localisation beschäftigt, so werde ich eine Reihe anderer Gesichtspunkte, wie die absteigende Degeneration bei motorischen Rindenläsionen, die Entstehung corticaler Convulsionen u. s. w. gar nicht erörtern. Es steht über jedem Zweifel fest, dass bei dem Menschen motorische Lähmungen von der Rinde aus erzeugt werden können. Diese Paralysen können dauernd sein, über Monate und Jahre sich erstrecken. Die obere Extremität, die untere Extremität, der Facialis, der Hypoglossus können cortical gelähmt werden, entweder alle gleichzeitig, oder jeder dieser Theile einzeln. Fraglich dagegen sind bis jetzt die Localisationen von corticaler Lähmung anderer motorischer Nerven. Selbstverständlich bin ich der Meinung, dass jeder Muskel, den wir willkürlich zu inerviren vermögen, auch cortical gelähmt werden könne; ich will nur das sagen, dass Fälle solcher corticaler Paralysen mit sicherer und unzweideutiger Localisation noch fehlen.

Welche Methode der Analyse des klinischen Materiales wir auch anwenden mögen, mit Hilfe einer jeden kommen wir zu dem Ergebniss, dass die motorischen Rindenlähmungen die Folge sind von Läsionen der Gyri centrales und des Lobulus paracentralis. Die am meisten basale Partie der Gyri centrales enthält das Rindenfeld für Facialis und Hypoglossus, die mittlere das für die obere, die am meisten mediale das für die untere Extremität, während vom Paracentralläppchen aus, wie es scheint, beide Extremitäten gelähmt werden.

Ich halte es auch heute, trotz der schon erheblich angewachsenen Casuistik, noch nicht für angängig, mit unbedingter Widerspruchslosigkeit, mit Widerlegung jedes einzelnen Einwurfes auszumachen, ob das motorische Rindenfeld sich ausschliesslich auf die Centralwindungen und das Paracentralläppchen beschränkt, oder ob auch vom Fusse der Stirnwindungen und von der frontalen Partie der Scheitelwindungen aus Paralysen entstehen können, d. h. ob nach Exner's Ausdruck die erstgenannten Partieen zwar das absolute Rindenfeld für die Motilität darstellen, die letzteren aber immerhin noch zum relativen Rindenfelde gehören. Meine persönliche auf die kritische Sichtung des klinischen Materials begründete Ansicht geht allerdings dahin, dass die motorischen Innervationscentren für die vorgenannten Nervengebiete ausschliesslich in den Centralwindungen und dem Paracentralläppchen gelegen sind. Die wesentliche Stütze für diese Ansicht finde ich in dem Ergebniss der Methode der kleinsten Herde, in den klinisch-anatomischen Verhältnissen der sogenannten corticalen Monoplegien. Isolirte dauernde Paralyse des Facialis, des Hypoglossus, der Extremitäten, insbesondere der oberen, mit corticalem Ursprunge ist bisher nur bei Läsion der Centralwindungsrinde festgestellt worden. Bei umschriebener Erkrankung anderer Rindenstellen hat man bis jetzt nie eine dauernde Monoplegie beobachtet. Ebenso sind Convulsionen, auf die einzelnen der genannten Nerven beschränkt, nur dann beobachtet worden, wenn der kleine, die Reizung bedingende Prozess — meist ein kleiner Tumor — entsprechend den vorhin bezeichneten umschriebenen Rindenpartieen gelegen war.

Für die vollständige klinische Geschichte dieser corticalen Paralysen fehlen freilich noch manche Einzelheiten. Insbesondere ist es eine Erscheinung, welche für die physiologische Auffassung der motorischen Rindencentren von grosser Bedeutung sein kann, falls sich dieselbe als regelmässig herausstellt. Ich habe nämlich beobachtet, dass bei Rindenhemiplegie die Vorstellung von der Lagerung des gelähmten Gliedes vollkommen erhalten sein kann. Der Kranke kann z. B. den gelähmten linken Arm gar nicht bewegen. Nichtsdestoweniger ist er im Stande, eine passive Lageveränderung, welche ich demselben bei geschlossenen Augen ertheilt habe, mit dem rechten Arm genau nachzuahmen — er hat also eine deutliche Vorstellung von der Haltung seines linken Armes trotz dessen Lähmung.

Diese Erscheinung führt uns nun unmittelbar zu einer anderen Gruppe corticaler Störungen, nämlich den Lähmungen des sogenannten Muskelsinnes. Es giebt eine Reihe von Beobachtungen, in welchen die Patienten die Extremitäten einer Seite be-

wegen konnten, dieselben waren nicht motorisch gelähmt. Aber sie
boten alle, hier wohl nicht näher zu schildernde Erscheinungen
dar, welche man als Ataxie, Coordinationsstörungen zu bezeichnen
und als Lähmung des Muskelsinnes aufzufassen pflegt. Die gewöhnliche Hautsensibilität braucht dabei gar nicht gestört zu sein. So
verhält es sich in den reinsten Fällen dieser Art: isolirte Lähmung
des Muskelsinnes. Ob freilich dieselbe sich nur unter dem Bilde der
bekannten Bewegungsanomalien kundgiebt, oder ob daneben immer,
d. h. implicite zu ihr gehörig, auch Anomalien der Tastempfindungen
vorhanden sind, in der Weise nämlich, dass zwar jede, auch die
leiseste Berührung empfunden, aber qualitativ anders als normal
empfunden wird, diese Frage kann berührt, aber auf Grund des klinischen Materiales noch nicht entschieden werden. Daneben giebt
es natürlich Mischformen, welche, wie ich hier schon bemerke, durch
eine örtliche Ausbreitung des krankhaften Prozesses bedingt sind.
So kann neben der Ataxie grobe Störung der Hautsensibilität, oder
eine motorische Parese bestehen, oder der Kranke bietet daneben
Hemianopsie dar. Ich habe mehrere Patienten gesehen, bei denen
als einzige Symptome nach einem apoplectischen Insulte homonyme
laterale Hemianopsie und Hemiataxie bestand. A priori, wie ich
einschalten will, wäre es auch denkbar, dass nebeneinander sensorische
Aphasie und Hemiataxie bestehen könnten.

Um es nämlich kurz zu sagen, so habe ich mich schon vor
acht Jahren vermuthungsweise dahin ausgesprochen, dass das Rindenfeld für die Function, welche wir klinisch unter dem Begriffe Muskelsinn zusammenfassen, im Scheitellappen zu suchen sei. Eine nähere
Umgrenzung bin ich auch heute nicht im Stande anzugeben, aber
alle seither beigebrachten einschlägigen Beobachtungen sprechen
weiter im Sinne dieser Vermuthung.

Allerdings sind die reinen Fälle dieser Art, d. h. von isolirter
Lähmung des Muskelsinnes ohne motorische Lähmung, bis jetzt nur
selten mitgetheilt. Aber das Gewicht dieser wird gesteigert durch
die Reihe der anderen, in welchen allemal, wenn neben anderen
Störungen Muskelsinnlähmung festgestellt wurde, auch die Scheitellappen lädirt waren. Es braucht kaum bemerkt zu werden, dass
die mangelnde Angabe von Muskelsinnstörung trotz vorhandener

Parietalläsion gar nichts beweist, denn die in Rede stehende Functionsstörung gehört auch zu denjenigen, welche direct aufgesucht werden müssen. Und umgekehrt hat in den wenigen Fällen, in welchen ausdrücklich der Muskelsinn als intact angegeben und doch der Scheitellappen betroffen war, es sich um Tumoren gehandelt, also um Prozesse, denen eine zwingende Beweiskraft nach dieser Richtung nicht zuerkannt werden kann.

Es liegt auf der Hand, dass die Thatsache der Muskelsinnlähmung ohne motorische Lähmung von grosser Wichtigkeit ist für die vielumstrittene theoretische Auffassung der Natur der motorischen corticalen Paralysen. Ich komme nachher darauf zurück, doch sei hier schon folgender vergleichender Hinweis eingefügt. In einer gewissen Beziehung verhält sich der Scheitellappen zu den Centralwindungen bezw. Lobulus paracentralis, wie die Broca'sche Stelle zu dem motorischen Rindenfelde des Hypoglossus. Wie die Läsion der Broca'schen Stelle motorische Aphasie ohne Hypoglossuslähmung, und umgekehrt die Läsion des Rindenfeldes des Hypoglossus eine reine Lähmung desselben erzeugen kann — so kann auf die Erkrankung des Scheitellappens reine Ataxie der Extremitäten folgen ohne Paralyse, und auf die Erkrankung der Centralwindungen reine motorische Paralyse ohne Verlust des Muskelsinnes.

In einer viel grösseren Unsicherheit als bei allen bis jetzt berührten Fragen befindet sich die Klinik auch heute noch gegenüber der Frage der corticalen Sensibilitätslähmungen. Die neueste, von Seppilli herrührende Zusammenstellung thut dies wieder zur Genüge dar. So sehr deswegen gerade bei diesem Punkte eine erschöpfende Breite der Darstellung und die kritische Vorführung des casuistischen Materiales nöthig wäre, so muss ich leider doch auf eine solche verzichten. Ich muss mich darauf beschränken, einige mehr allgemeine Sätze zum Ausdrucke zu bringen, welche, wie ich meine, genügend durch die klinische anatomische Erfahrung gestützt sind.

Zweifellos sind in vielen Fällen die corticalen motorischen Paralysen von Sensibilitätsstörungen in den motorisch betroffenen Particen begleitet. Ob immer, das lässt sich aus den klinischen Beobachtungen durchaus nicht mit Bestimmtheit bejahen.

Diese Störungen der Sensibilität bestehen in einer Verminderung derselben, einer Hypästhesie, und zwar sind, das ist das Gewöhnliche, sämmtliche Qualitäten des Hautgefühles betroffen. Doch sei noch einmal ausdrücklich bemerkt, dass trotz der Verringerung der Empfindlichkeit für einfache Tasteindrücke, für Temperatur- und Druckempfindungen, der Muskelsinn, die Vorstellung von der Lagerung und von den Bewegungen der Extremität nicht gleichzeitig mitbetheiligt zu sein braucht. Ob wirkliche partielle Empfindungslähmungen der Hautsinnqualitäten bei corticalen Läsionen vorkommen können, muss erst die fernere Erfahrung lehren.

Einige Male wurden hyperästhetische Symptome, heftige Schmerzen, Gefühl von Ameisenkriechen neben den motorischen Störungen festgestellt.

Mit voller Sicherheit zeigen aber die Beobachtungen weiter, dass sehr häufig ein oft geradezu überraschendes Missverhältniss zwischen den Störungen der Motilität und denen der Sensibilität vorhanden ist: bei vollständiger motorischer Paralyse eine nur unbedeutende Verringerung der Sensibilität. Ferner ergiebt sich keine gleichmässige Uebereinstimmung zwischen der Ausbreitung der motorischen und sensiblen Störungen: bei umgrenzter Bewegungslähmung gelegentlich viel ausgebreitetere sensible, und bei umgrenzter Gefühlslähmung oft viel ausgebreitetere motorische Störung.

Die Angaben, dass bei monoplegischer Paralyse z. B. des Armes auch die Tastempfindung desselben vernichtet sei, entspricht nicht den thatsächlichen Beobachtungen.

Ebenso schwankend und ebenso nur in groben Umrissen wie die klinischen Verhältnisse müssen wir auch die anatomischen Daten bezüglich der Sensibilitätsstörungen halten. Positiv steht nur folgendes fest: Erkrankung der Occipital-, der Temporal- und des grössten Theiles der Frontalrinde hat mit Störung der Hautsensibilität nichts zu thun. Wenn letztere bestand, fanden sich die Centralwindungen sammt Paracentralläppchen, die Parietalwindungen und vielleicht auch die hintersten Theile der Frontalwindungen ergriffen. Weitere, in das Einzelne gehende Angaben zu machen, halte ich beim gegenwärtigen Stande der Erfahrungen für ganz unzulässig. Mehr noch als an vielen anderen Punkten muss hier erst die sorgfältige klinisch-anatomische Prüfung einsetzen. Selbst das scheint noch nicht zweifellos gesagt werden zu können, ob die Läsionen derjenigen Particen der Rinde, welche motorische Paralysen veranlassen, auch die Störungen der Hautsensibilität nach sich ziehen, oder ob nicht die letzteren mehr an die Parietallappen gebunden sind.

Hiermit wäre das beendigt, was als bisherige Ausbeute an Thatsächlichem bezüglich der Rindenlocalisation angesehen werden kann, soweit es gemäss der mit meinem Herrn Mitreferenten vereinbarten Arbeitstheilung in mein Gebiet fällt. Manche Punkte, wie z. B. die etwaige corticale Localisation vasomotorischer Nerven und Anderes mehr, übergehe ich ganz, weil bis jetzt jede feste Grundlage für ihre Inangriffnahme fehlt. Aus demselben Grunde berühre ich auch die Erkrankungen des vorderen Stirnhirnes gar nicht; das klinische Material für die Localisationsfrage in diesem ist erst noch zu schaffen. Und auch bei dem soeben skizzirten Abrisse habe ich mich auf das Nothdürftigste beschränken müssen; eine Fülle von Einzelheiten hat nicht einmal eine Erwähnung finden können.

———————

Gestatten Sie mir nun, hochgeehrte Herren, in dem Reste der mir zugewiesenen Minuten noch einigen allgemeineren Fragen mich zuwenden zu dürfen.

Die erste bezieht sich darauf, ob denn die sog. corticalen Störungen auch wirklich durch Erkrankung der Rinde selbst entstehen, oder nicht vielmehr durch Läsion des darunter liegenden Marklagers. Vor zehn, fünfzehn Jahren hatten Zweifel hierüber ihre Berechtigung, gegenüber den heutigen klinisch-anatomischen Erfahrungen nicht mehr. Wir besitzen jetzt eine Reihe von Beobachtungen, in welchen nur die Rinde erkrankt, und doch die betreffende Störung dauernd vorhanden war. Also, dass wir vollauf berechtigt sind, diese Störungen als corticale zu bezeichnen, kann nicht angefochten werden.

Von weiterem Interesse ist es dann, ob für das Zustandekommen der Functionsstörung die Läsion der bezüglichen, in dem betreffenden

Rindenabschnitte enthaltenen Ganglienzellengruppen, oder diejenige
der vielfachen Associationsbahnen mafsgebend sei. ˙ Practisch hat
freilich diese Unterscheidung wohl gar keine Bedeutung, und zwar
deshalb nicht, weil, gemäss der Beschaffenheit der pathologischen
Prozesse, in Wirklichkeit beide Ganglienzellengruppen wie Associations-
fasern immer miteinander leiden dürften. Und theoretisch dürfte
sich die Sache so stellen. Einerseits steht meines Erachtens nicht
das Mindeste der Vorstellung entgegen, dass wirklich die Schädigung
der Ganglienzellen selbst das Entscheidende sein könne für die corticalen Functionsstörungen. Denn wie ganz unbestreitbar die Erkrankung der grauen Kerne im verlängerten Marke, im Höhlengrau
des dritten Ventrikels die Lähmung der von ihnen ausgehenden
Nerven veranlasst, so ist es — steht einmal die umschriebene
Rindenlocalisation fest, und sie steht für das menschliche Gehirn
fest — ein einfaches physiologisches Analogon, dass die Erkrankung
umschriebener Ganglienzellengruppen der Rinde den Functionsausfall
im Gebiete der mit ihnen verbundenen, sei es centripetal, sei es
centrifugal leitenden Fasern veranlassen könne. Andererseits ist es
einleuchtend, dass der gleiche Functionsausfall, wie wenn das
gangliöse Centrum selbst ausfiele, eintreten muss, wenn alle oder
der grösste Theil der zu demselben sich begebenden Associations-
oder Stabkranzbahnen unterbrochen werden.

Eine weitere hochwichtige Frage ist die nach der sog. functionellen Substitution bei Rindenläsionen. Meiner Ueberzeugung nach, die sich auf die klinischen Verhältnisse stützt, giebt
es eine wirkliche Substitution für diejenigen Functionsdefecte nicht,
welche durch eine Zerstörung der eigentlichen Rindencentren selbst
veranlasst sind. Die Thatsachen, so scheint mir, lehren, und jeder
von uns wird einen oder den anderen derartigen Fall beobachtet
haben, dass eine motorische ausschliesslich corticale Lähmung, eine
Hemianopsie dauernd persistiren kann, ebensogut wie eine gewöhnliche Paralyse nach Zertrümmerung der inneren Kapsel. Zur Be-
weisführung können unbedenklich selbst solche Fälle herangezogen
werden, in welchen der Tod schon nach einer kürzeren Zeit, einigen
Monaten etwa, eintrat. Denn wenn wir sehen, wie überall da in
anderen Organen, wo wirklich eine Ausgleichung oder Anpassung

bei pathologischen Zuständen eintritt, sei es einfach auf dem Wege der functionellen Mehrleistung, sei es dem der Organhypertrophie, diese Compensation schon nach überraschend kurzer Zeit sich ausbildet, so wäre es etwas höchst Auffallendes, wenn eine solche im Gehirne erst nach ganz abnorm langer Dauer sich entwickeln sollte. Die Verhältnisse bei der Aphasie unterliegen aus bekannten Gründen für diesen Punkt einer Verschiedenheit und Besonderheit.

Selbstverständlich stelle ich nicht in Abrede, dass motorische, sensorische, sensible Störungen bei Rindenläsionen verschwinden können. Aber dies ist nicht die Folge einer Substitution, eines functionellen Eintretens anderer Rindenpartieen, sei es auf derselben, sei es auf der anderen Seite. In einer Reihe solcher Fälle — und dies ist wohl die Mehrzahl — hat es sich sicher nur um indirecte Lähmungen, um Fernwirkungen in dem bekannten Wortsinne gehandelt. Für einen gewissen anderen Prozentsatz kann man, nach Mafsgabe der Exner'schen Anschauung von absoluten und relativen Rindenfeldern, annehmen, dass nur ein Theil des relativen Rindenfeldes zerstört worden sei. Aber um directe Ausfallserscheinungen, dadurch hervorgerufen, dass die eigentlichen corticalen Uebertragungscentren (ich komme auf diesen Begriff alsbald zurück) zerstört sind, kann es sich in allen solchen Fällen nicht gehandelt haben. Mit der Vorstellung umschriebener Rindencentren in der Art, wie wir uns dieselbe klar machen müssen, scheint mir die Annahme einer anatomisch-physiologischen Substitution ebensowenig vereinbar, wie ich mir vorstellen kann, dass für den durch progressive Atrophie untergegangenen Hypoglossuskern in der Medulla oblongata ein anderer Ganglienzellenhaufe functionell eintreten könne.

Wenden wir uns nun zum Schlusse noch zu einer kurzen Erörterung des Ausdruckes und Begriffes der „Localisation in der Hirnrinde." Dass eine solche für das menschliche Gehirn existire, lehrt die klinisch-anatomische Beobachtung. Aber wie ist dieselbe physiologisch aufzufassen?

Wenn man die graue Rinde als das anatomische Substrat der psychischen Vorgänge ansieht, und dazu sind wir auf Grund zahlreicher Thatsachen berechtigt, so könnte man zunächst die Vorstellung hegen, dass die Entstehung eines einzelnen Bewusstseinsvorganges, z. B. des Entschlusses eine Bewegung ausführen zu wollen, an einen mehr oder weniger eng umgrenzten Bezirk der Rinde als räumlichen Entstehungsort gebunden sei — es wäre das ein ächtes psychomotorisches Centrum.

Die menschliche Pathologie zeigt jedoch unwiderleglich, dass in einem solchen Sinne die Rindenlocalisation nicht aufzufassen ist. Die klinischen Beobachtungen lehren allerdings, dass die Möglichkeit, einen bestimmten Willensentschluss auszuführen, z. B. den Arm zu bewegen, an die Unversehrtheit einer ziemlich umschriebenen Rindenpartie gebunden ist. Aber keineswegs lehren dieselben, dass in dieser umschriebenen Rindenpartie ein psychomotorisches Centrum in dem Sinne enthalten sei, dass hier der betreffende Bewusstseinsvorgang e n t s t ä n d e. Denn bekanntlich ist ein Kranker mit corticaler Paralyse durchaus und vollständig fähig zur Production des Bewusstseinsvorganges, die gelähmten Theile bewegen zu wollen — nur kann er diesen Vorsatz nicht ausführen. Diese nächstliegende einfachste Thatsache beweist mit zwingender Logik, dass der in Rede stehende psychische Vorgang nicht in der umschriebenen Rindenpartie, deren Zerstörung doch die Lähmung bedingt, e n t s t e h e n kann — psychomotorische Centren in diesem Sinne sind auf Grund der gegenwärtig bekannten klinischen Thatsachen zurückzuweisen.

Desgleichen kann ein Mensch erblinden, keine optischen Eindrücke mehr empfangen, wenn ein bestimmter Rindenbezirk doppelseitig erkrankt ist. Damit ist aber noch nicht gesagt, dass die optischen Bilder in den Ganglienzellen eben dieses Bezirkes zum Bewusstsein gelangen. Denn wäre dies der Fall, so müsste bei einem Kranken, der über Nacht in Folge doppelseitiger embolischer Erweichung der betreffenden Rindenzone erblindet, mit einem Schlage auch das Bewusstsein für alle bis dahin gewonnenen optischen Vorstellungen vernichtet sein. Dies trifft aber nicht zu. Ein solcher Kranker ist zwar nicht mehr fähig, neue Lichteindrücke und Gesichtsbilder zu empfangen, aber er hat noch sehr wohl die Erinnerung vom Aussehen der Gegenstände, die Vorstellung von Gesichtsbildern. Die psychische Verwerthung derselben kann also nicht an

die corticalen Ganglienzellengruppen gebunden sein, deren Vernichtung den Menschen doch blind macht.

Wenn nun aber auch die Bewusstseinsvorgänge wo und wie
verbreitet immer sich vollziehen, e i n e Forderung erscheint dennoch
mit Rücksicht auf Alles, was über die Anatomie und Physiologie
des Nervensystemes bekannt ist, geboten. Mag man sich z. B. den
Willensimpuls, den rechten Arm zu innerviren, aus welchen inneren
Vorgängen heraus oder auf welche äussere Reize hin immer, auf
welchen Associationsbahnen und wie diffus immer entstanden, vorstellen, d a s muss man zugeben, dass in irgend einem umschriebenen
räumlichen Momente dieser Innervationsimpuls aus den gangliösen
Elementen in die umschriebenen Leitungsbahnen übergehen muss,
welche die Fasern der motorischen Armnerven bilden. Wird diese
Stelle, nennen wir es auch dieses Centrum, zerstört, so wird die
Innervation des Armes unmöglich sein.

Ich glaube man darf es aussprechen, dass dieses Centrum für
den Arm, und dasselbe gilt natürlich für die anderen willkürlich
erregbaren Muskeln, anzusehen ist als ein Knotenpunkt, der ana-
tomisch durch eine Summe von Ganglienzellen gebildet wird. Dieses
Centrum stellt einen Sammelort dar, in welchen durch die Asso-
ciationsfasern von den verschiedensten Stellen der Rinde her der
Innervationsimpuls in die functionell isolirten Bahnen der Stabkranzfaserung übergeht.

Ich wiederhole:

Da es beim Menschen corticale, durch umschriebene und
zwar immer die gleichlocalisirten Läsionen hervorgerufene,
Lähmungen giebt,

Da bei diesen Lähmungen die Möglichkeit der, wenn ich
so sagen soll, abstracten Bildung des Willens zur motorischen
Innervation — allerdings effectlos — fortbesteht,

Da bei denselben aber ferner auch die durch die verschiedensten äusseren Anreize veranlassten, auf den verschiedensten Wegen in die Rinde eingetretenen, durch das
Bewusstsein hindurchgegangenen Erregungen ebenfalls ohne
Wirkung bleiben, so folgt:

Einmal, dass diese umschriebenen Stellen, deren Läsion
die Lähmung bedingt, nicht der Ort der Entstehung des
bewussten Willensimpulses sein können,

Dann, dass alle, auf welchen Bahnen, aus welchen Stellen
der Rinde immer kommenden motorischen Erregungen eben
diese gemeinschaftliche Sammelstelle passiren müssen, aus
welcher sie dann in die isolirten Stabkranzbahnen über-
treten.

Diese corticalen motorischen Sammelstellen sind aber nicht nur
n i c h t der Ort der bewussten Entstehung des Bewegungsimpulses,
sondern nicht einmal das harmonische Zusammenwirken der Muskeln
und Muskelgruppen zur Erreichung des beabsichtigten Zweckes voll-
zieht sich in ihnen. Ich habe das vorhin bereits ausgesprochen,
und es mit der klinischen Thatsache begründet, dass die Läsion der
einen Rindenpartieen die einfache Bewegungsfähigkeit, und die Läsion
wieder anderer Partieen die Vorstellung von der Haltung und Lagerung des innervirten Theiles, die Vorstellung des Bewegungsactes
aufhebt. D a s R i n d e n f e l d d e r m o t o r i s c h e n E r i n n e r u n g s -
b i l d e r, wenn ich so sagen darf, findet sich an letzteren Stellen
(im Parietallappen), an ersteren dagegen (Centralwindungen und
Paracentralläppchen) d a s R i n d e n f e l d d e r e i n f a c h e n m o t o r i -
s c h e n U e b e r t r a g u n g. Den Ausdruck „psychomotorische Centren" würde ich vorschlagen ganz fallen zu lassen, weil er zu leicht
zu Missverständnissen Veranlassung geben kann.

Mit der Hautsensibilität und deren Localisation in der Rinde
haben, nach Mafsgabe der klinischen Erfahrungen, die bei corticalen
Erkrankungen auftretenden Lähmungen nichts zu thun.

Um mich noch einmal bestimmt auszudrücken, so stellt das
sogen. motorische Rindenfeld in den Centralwindungen, wie ich es
soeben nannte „das Rindenfeld der einfachen motorischen Ueber-
tragung" nichts anderes dar, als die Zusammenlagerung derjenigen
Ganglienzellengruppen, aus welchen der motorische Erregungsvorgang
direct in die isolirte Stabkranzfaserung übertritt. Selbstverständlich,
in Parenthesi sei es bemerkt, soll hiermit keineswegs in Abrede
gestellt sein, dass in der Centralwindungsrinde nicht auch noch
functionelle Vorgänge anderer Art sich abspielen; ich spreche jedoch

im Augenblicke eben nur von der Auffassung des motorischen Rindenfeldes. Seine Vernichtung setzt beim Menschen dauernde einfache Paralyse. Von ihm räumlich getrennt, aber ihm benachbart, in den Parietalwindungen ist „das Rindenfeld der motorischen Erinnerungsbilder" gelegen. Die Zerstörung dieses veranlasst, wenn ich zur Veranschaulichung des Ausdruckes mich bedienen darf, Seelenlähmung, gegenüber der einfachen Lähmung. Der Kranke hat seinen Arm, kann ihn bewegen, aber derselbe ist unter gewissen Bedingungen (z. B. bei geschlossenen Augen) für ihn zum unbrauchbaren Instrument geworden, indem er dessen Bewegungen nicht beherrschen kann, weil die Erinnerungsbilder für das Mafs und die Art der einzelnen Bewegungsacte vernichtet sind. Und drittens wieder ganz verschieden von diesen beiden Rindenfeldern sind diejenigen über die verschiedensten Punkte des ungeheuren Associationssystems sich ausbreitenden Oertlichkeiten und Bahnen, in denen die sog. höheren Bewusstseins-, die psychischen Vorgänge, die eigentlichen Denkprozesse sich vollziehen. Sie dürften sich wohl über die ganze Hirnoberfläche erstrecken.

Ich versage es mir, im Einzelnen die Analogie durchzuführen, welche mit Rücksicht auf das soeben Ausgesprochene für andere functionelle Vorgänge besteht. Nur andeutungsweise erwähne ich, dass mir z. B. für den Gesichtssinn dieselbe eine vollständige zu sein scheint, wie aus der oben gegebenen Darstellung hervorgeht, mit dem selbstverständlichen Unterschiede, dass in dem optischen Wahrnehmungscentrum die centripetal geleiteten Erregungen in die corticalen Ganglienzellen eintreten, während aus den Zellen des motorischen Uebertragungscentrums die centrifugal gehenden Erregungen austreten.

Ich bin am Schlusse. Fragen vom höchsten und weitgehendsten Interesse, deren jede einzelne zu ihrer Vertiefung und Begründung die vielfache Dauer der Zeit in Anspruch nehmen würde, welche mir hier für sie allezusammen gewährt ist, musste ich in den skizzenhaftesten Umrissen zeichnen, und ich bitte deswegen um Ihre gütige Nachsicht, um Nachsicht auch dafür, dass in dem Rahmen dieses

Vortrages es unmöglich war, Autorennamen für die einzelnen Thatsachen und Meinungen anzuführen.

Trotz aller bisherigen Arbeit sind wir auf diesem Gebiete erst
am Beginne der Bahn. Die weitere Forschung wird noch oft am
Irrpfade gerathen, wie bisher auch. Aber ich bin durchdrungen
von der Zuversicht, dass wir schrittweise doch auf dem rechten
Wege vorrücken, und Stück für Stück uns erringen werden von der
Erkenntniss, welche uns einführt in die wunderbare Mechanik der
Vorgänge in der Grosshirnrinde. Ob es der Forschung dereinst gelingen werde, den Schleier von allen hier noch verhüllten Geheim-
nissen zu heben, oder ob ihren Methoden eine bestimmte unüber-
schreitbare Grenze gezogen sein wird, das zu entscheiden kann heute
Niemand sich unterfangen. Sei dem jedoch wie immer, das bisher
Errungene kann nur ermuthigen, in unermüdlicher Thätigkeit zu be-
harren. Anatomie, experimentelle Physiologie und Klinik zusammen
arbeitend, eine die andere in ihren Ergebnissen fördernd, wie sie bis
jetzt wenigstens die Schwelle dieses Erkenntnissgebietes überschritten
haben, so werden sie gemeinsam stetig und sicher in der Durch-
forschung desselben weiterschreiten. Als unanfechtbares Ergebniss
ihrer bisherigen Thätigkeit kann die Klinik heute schon wenigstens
das hinstellen:

Die Pathologie beweist für den Menschen eine Localisation in der Gehirnrinde.

———— — — - -

Correferent: Herr Naunyn (Königsberg):

(Hierzu 2 Doppel-Tafeln.)

Meine Herren! Es ist mir die ehrenvolle Aufgabe zugefallen,
das Referat über die Localisation der aphatischen Störungen in der
Grosshirnrinde zu geben. Ich bin genöthigt, mich streng an diese
meine Aufgabe zu halten. Wollte ich die ganze Lehre von der
Aphasie zum Gegenstande nehmen, so würde die Zeit für das Referat
nicht ausreichen und die Discussion würde sich sehr verflachen müssen.

Ich werde also nur über das mich verbreiten, was wir über die Bedeutung der einzelnen Theile der Grosshirnrinde für die Entstehung aphatischer Störungen, das ist, was wir über die Localisation der Aphasie wissen. Doch muss ich, um verständlich zu sein, Einiges über die verschiedenen Formen der Aphasie, und, um gerecht zu sein, Einiges aus ihrer Geschichte vorausschicken.

Bekanntlich hat Broca die Aphasie im Jahre 1861 entdeckt; er gab ihr damals den Namen der Aphemie; der später für die Broca'sche Krankheit fast allgemein angenommene Name Aphasie ist von Trousseau eingeführt.

Wir bezeichnen seitdem als Aphasie diejenigen Störungen der Sprache, welche nicht einfach auf allgemeiner Benommenheit oder Schwäche des Geistes und auch nicht einfach auf Lähmung oder Schwäche des muskulösen Sprachapparates beruhen; für erstere, d. h. für die Sprachstörungen, welche einfach Theilerscheinung allgemeiner Benommenheit des Geistes sind, bedarf man keiner besonderen Bezeichnung; letztere, d. h. die auf Lähmung oder Schwäche des muskulösen Sprachapparates beruhenden Störungen der Sprache nennt man nach Leyden sehr zweckmässig Anarthrie.

Die Geschichte der Aphasie ist — so jung auch noch die Lehre von dieser Krankheit ist — ein ruhmreiches Capitel der Pathologie.

Seit Broca haben sich die Autoren mit Vorliebe mit der Aphasie beschäftigt. Mit Trousseau's Vorträgen in der Klinik des Hôtel Dieu beginnt die Reihe der interessantesten und werthvollsten Publikationen über diesen Gegenstand, welche dann in dem alle anderen Arbeiten überragenden Werke von Kussmaul eine zusammenfassende und ebenso durch die Beherrschung des Gegenstandes, wie durch die vorsichtige Behandlung desselben glänzende kritische Verwerthung gefunden haben.

Die Gesichtspunkte, welche sich in der Entwickelung der Lehre von der Aphasie als die fruchtbaren erwiesen haben und erweisen dürften, verdanken wir Dax, Broca, Wernicke und Grashey, neben ihnen ist auch Charcot zu nennen.

Dax, der Vorgänger Broca's, wies 1836 an einem grossen Materiale nach, dass Sprachstörungen fast ausschliesslich neben rechtsseitigen Lähmungen, d. h. bei linksseitiger Grosshirnerkrankung vorkommen. Später wurde durch englische Autoren (Ogle, Jackson, Smith) der Beweis erbracht, dass dies mit der besseren Ausbildung des linken Grosshirnes, wie sie in der Rechtshändigkeit der meisten Menschen zum Ausdrucke kommt, zusammenhängt. Sie fanden, dass bei Linkshändigen die Sprachstörungen umgekehrt bei Erkrankung des rechten Grosshirnes auftreten.

Broca hat zuerst die aphatischen Störungen in ihrer Eigenart erkannt und sie in der linken unteren Stirnwindung localisirt.

Die Behauptung Broca's, dass Zerstörung dieser (seiner 3.) linken Stirnwindung Aphasie mache, wurde in vielen Fällen bestätigt, doch wurden auch bald zahlreiche Fälle bekannt, in welchen der Aphasie sehr ähnliche Sprachstörungen bestanden hatten und in welchen nicht die Broca'sche Windung, sondern andere Theile des linken Grosshirnes erkrankt waren. Dies führte einige Autoren, so namentlich die Engländer Popham, Ogle, Bastian, frühzeitig zu der Ansicht, dass verschiedene Formen der Aphasie zu unterscheiden sind, von welchen nur die eine in Läsionen der Broca-schen Windung begründet ist: dies ist die ataktische Aphasie, d. h. diejenige Form der Aphasie, bei welcher es den Kranken (wie Kussmaul sagt) unmöglich ist, dem ihnen vorschwebenden inneren Worte durch die Erzeugung des äusseren, andern vernehmbaren Wortes Ausdruck zu geben. Ihr stehe eine 2. Form der Aphasie gegenüber, bei welcher das innere Wort vergessen sei. Diese letztere Form nannten sie amnestische oder amnemonische Aphasie. Die Aphasien geringeren Grades dieser Art, bei welchen es sich mehr um ein weitgehendes Versprechen, ein Verwechseln der Worte oder Silben handelt, nannten sie Paraphasie. Bei den Fällen der amnestischen Aphasie finden sich die Läsionen häufig ausserhalb der Broca'schen Windung.

Andere Autoren, darunter namentlich viele der deutschen Forscher, gingen auf die Unterscheidung zwischen amnestischer und ataktischer Aphasie nicht ein. Sie fanden vielmehr in den eben erwähnten Fällen von Aphasie bei Läsion von ausserhalb der Broca-schen Windung gelegenen Hirntheilen einen Beweis für die Unrichtigkeit der Broca'schen Localisationslehre.

Da trat im Jahre 1874, angeregt, wie er mittheilt, durch Meynert's anatomische Forschungen, Wernicke mit der Unterscheidung zwischen motorischer und sensorischer Aphasie auf.

Wernicke's motorische Aphasie ist die ataktische Aphasie der älteren Autoren; von den sensorischen Aphasien kennzeichnet und bespricht er eine genauer, es ist dies diejenige Form, bei welcher trotz erhaltener Hörfähigkeit das Verständniss für gesprochene Worte und Laute gestört ist.

Sofern nur die Fähigkeit, die gesprochenen Worte zu verstehen, gestört ist, kann dies Aphasie vortäuschen, ohne dass eine solche besteht. Gewöhnlich aber erstreckt sich jene Störung des Verständnisses nicht nur auf die gesprochenen und mit dem Ohre vernommenen Worte, sondern auch auf die innerlichen subjectiven Bilder von den Worten und Lauten, ihre Klangbilder, wie Wernicke sagt. Dann tritt, wie Wernicke ausführlich auseinandersetzte, ebenfalls eine als Aphasie zu bezeichnende Sprachstörung ein.

Denn damit wir richtig sprechen, müssen wir uns selbst fortgesetzt auf die Richtigkeit des Hervorgebrachten controlliren. Hierzu ist ausser Anderem auch dies nöthig, dass uns die Klangbilder von den Lauten, welche wir hervorbringen wollen, richtig und prompt gegenwärtig sind.

Die so von Wernicke zuerst gekennzeichnete eigenthümliche Störung des Wortverständnisses wurde später (1877) von Kussmaul in einem ganz ausgezeichneten Falle beobachtet und als Worttaubheit beschrieben. Nach seinem Vorgange werden die hier in Rede stehenden Fälle der Aphasie als Aphasie mit Worttaubheit wohl auch als Worttaubheit schlechtweg bezeichnet.

Wernicke hat auch bereits der Störungen Erwähnung gethan, welche das Verhalten und die Sprache des Menschen durch die der Worttaubheit analogen Störungen auf dem Gebiete der Gesichtswahrnehmung erfährt.

Weiter versuchte Wernicke, die von ihm genauer beschriebene Form der sensorischen Aphasie zu localisiren. Er localisirte sie im Schläfenlappen und zwar spezieller im hinteren Theile der obersten Temporalwindung.

Wernicke's Unterscheidung der sensorischen von der motorischen (ataktischen) Aphasie wurde von vielen Autoren acceptirt und von vielen Beobachtern wurde seine Ansicht, dass die Aphasie mit Worttaubheit von Läsionen der 1. Schläfenwindung abhängig sei, bestätigt.

Manche Autoren haben dann die Localisation der aphatischen Störungen noch weiter zu treiben gesucht und haben z. B. geglaubt, auch einem besonderen Centrum für die Agraphie seine Stelle bestimmen zu können.

Von sehr gewichtiger Seite ist aber im Gegensatz hierzu diese ganze weitere Entwickelung der Localisationslehre seit Wernicke angefochten; Kussmaul erkennt nur die Broca'sche Stelle als eine solche an, deren Zerstörung regelmäßig von aphatischen Störungen begleitet ist. Exner verhält sich der Frage von der Localisation der Sprache gegenüber überhaupt sehr reservirt — doch betont er ausdrücklich, dass er diese Frage nur nebenher behandelt habe. Die weiteren, übrigens höchst werthvollen Versuche, die gemacht worden sind um ein weiteres Verständniss von dem Mechanismus der Aphasie zu gewinnen, haben mit der Localisation derselben noch nichts zu thun; deshalb gehe ich auf ihre Besprechung nur ganz kurz ein: Man hat sich über die Centren und Bahnen der Sprache schematische Vorstellungen gebildet und hat auf diese Schemata ein weiteres Verständniss der einzelnen Aphasiefälle zu gründen gesucht. In dieser Richtung ist Lichtheim am weitesten gekommen; als seine Vorgänger sind Baginsky, Wernicke, Spamer, Kussmaul zu nennen.

Grashey hat demgegenüber nachgewiesen, dass es Fälle von Aphasie giebt, in welchen die Störung nicht auf Zerstörung von solchen Bahnen und Centren, sondern darauf beruht, dass die Dauer der Sinneseindrücke vermindert ist.

Ich halte diese Arbeit Grashey's für fundamental wichtig und glaube, dass dieselbe für das Verständniss des Vorganges bei der Aphasie sehr fruchtbar werden wird, doch muss ich mich eines weiteren Eingehens auf dieselbe ebenfalls enthalten, um bei meinem Thema zu bleiben.

Dies ist, wie Sie sich gütigst immer wieder erinnern wollen, die Frage nach der Localisation der aphatischen Störungen. Bei dem geradezu gegensätzlichen Standpunkte, den maſsgebende Autoren in wichtigen Punkten dieser Frage gegenüber einnehmen, habe ich versuchen müssen, ein eigenes Urtheil darüber zu gewinnen, wie weit die Localisation der aphatischen Störungen in der Grosshirnrinde sich auf die Thatsachen der pathologischen Anatomie begründen lässt. Ich habe zu dem Zwecke eine Anzahl brauchbarer Sectionsbefunde von Aphasie in einer sehr einfachen Weise, die ich gleich schildern werde, aus der Litteratur auf Taf. I zusammengestellt; ich hoffte, dass es so gelingen werde, aus dem schon vorhandenen Materiale zu entscheiden, ob den aphatischen Störungen regelmässig die Läsion bestimmter Hirntheile zu Grunde liegt und welche Theile dies sind.

Ich habe nur solche Fälle berücksichtigt, in welchen Läsionen in den Grosshirnwindungen selbst oder in den diesen unmittelbar unterliegenden Theilen der Markstrahlung vorlagen.

Zwar giebt es Fälle genug, in welchen Aphasie bestand und in welchen in der Section die Windungen gesund und nur die weisse Substanz der Markstrahlung in ihren tieferen Theilen betroffen war; dann handelt es sich fast immer um ganz umfangreiche Zerstörungen, in welchen der Verdacht nicht ausgeschlossen ist, dass die Function der Hemisphäre durch die gewaltige Läsion im Ganzen gestört war, und welche schon deshalb bei Untersuchungen über die Localisation von Functionsstörungen in derselben keine Berücksichtigung verdienen.

Die Fälle von im Marklager fernab von den Windungen belegenen kleineren Läsionen mit aphatischen Störungen sind sehr selten. Sie mögen einstweilen als Beweis dafür gelten, dass in vereinzelten Fällen Aphasie auch durch solche die Hirnwindungen intact lassende Läsionen verursacht werden kann. Doch sind diese Fälle für Versuche einer Localisation der Aphasie in der Markstrahlung ganz unzureichend. Man muss sie einstweilen in der Dis-

cussion über die Localisation der Aphasie vernachlässigen, denn in
der weit überwiegenden Mehrzahl der Fälle findet sich bei den
aphatischen Störungen die Läsion in den Windungen oder in un-
mittelbarer Nähe derselben.

Es giebt ja auch Fälle von Aphasie, in welchen das Hirn ganz
normal gefunden wurde. Wie K u s s m a u l sehr mit Recht bemerkt,
werden derartige seltene Befunde D e n nicht in seiner Ueberzeugung
wankend machen, der aus eigener Erfahrung weiss, wie kleine Herde
gelegentlich die Ursachen von Aphasie sein können und wie schwer
dieselben oft zu sehen sind.

Es giebt aber noch Fälle anderer Art, welche von den Gegnern
der Bestrebungen, die Aphasie zu localisiren, in's Feld geführt zu
werden pflegen. Es sind dies die Fälle, in welchen die für die
Localisation der Aphasie in erster Linie in Anspruch zu nehmenden
Hirnrindenfelder (die B r o c a 'sche oder die W e r n i c k e 'sche Windung linkerseits) zerstört waren, ohne dass motorische oder sensorische Aphasie bestand. Ich glaube, wer ohne Voreingenommenheit die Literatur auf solche Fälle durchmustert, wird auch ihnen
gegenüber zu dem Schlusse kommen, welchen K u s s m a u l (allerdings nur für die motorische Aphasie) vertritt. Derselbe geht kurz
dahin, dass diese Fälle keineswegs gegen die Localisation der Aphasie
in der Grosshirnrinde entscheiden. Sie sind fast alle ungenügend
beschrieben; bald ist die Rechtshändigkeit der Kranken nicht be-
wiesen, bald ist nicht erwiesen, dass nicht grosse Theile der frag-
lichen Windungen intact waren und schliesslich ist meist nicht auszumachen, dass nicht wenigstens vorübergehend Aphasie bestanden
habe.

Dass Aphasie heilen könne, ist kein Zweifel. Ich denke hier
nicht an die bei allen möglichen acuten Herderkrankungen des Hirnes
so häufigen transitorischen, zu den Erscheinungen des Insultes ge-
hörigen aphasischen Störungen, sondern an die Aphasien, welche
Wochen oder Monate dauern, und darum als Herderscheinung anzusehen sind. Auch sie können heilen; man darf wohl annehmen
unter vicariirendem Eintreten der rechten Grosshirnhemisphäre. Geht
nun in einem Falle trotz Zerstörung z. B. der B r o c a 'schen Windung die Sprachstörung schnell vorüber oder sollte sie auch bei

einem Rechtshänder einmal ganz dabei fehlen, so ist die Annahme erlaubt, dass hier von vornherein die Apparate für den Mechanismus der Sprache auch in der rechten Hemisphäre ungewöhnlich gut entwickelt waren. So wenig wie die Rechtshändigkeit bei allen, immerhin noch rechtshändigen Menschen eine absolute ist, so wenig haben wir uns die rechte Hemisphäre als bei allen Menschen an den Vorgängen, um deren Störung es sich in der Aphasie handelt, ganz unbetheiligt vorzustellen. Auch giebt es in der Literatur Fälle von aphatischer Störung bei Rechtshändigen, deren Ursache aller Wahrscheinlichkeit nach eine Läsion der rechten Grosshirnhemisphäre war (Schreiber - Königsberg).

In den sehr spärlichen als solche anzuerkennenden Ausnahmefällen der hier besprochenen Art läge also lediglich eine Einschränkung der Dax'schen Regel vor, welche mit der Allgemeingültigkeit dieser Regel wohl verträglich ist.

Diese Erklärung für die erwähnten Ausnahmefälle lassen fast alle Autoren für das Broca'sche Centrum gelten. Man muss sie dann auch für das Wernicke'sche Centrum gelten lassen; was dem Einen recht ist, ist dem Anderen billig.

Bei Durchsicht der mir zugängigen Litteratur kam ich zu der Einsicht, dass sich die brauchbaren Fälle von Aphasie mit Sectionen in 3 grosse Gruppen ordnen lassen.

1. Motorische oder ataktische Aphasie,
2. sensorische Aphasie (Wernicke) oder Aphasie mit Worttaubheit,
3. unbestimmte Aphasie.

Die erste Abtheilung, die motorische Aphasie, umfasst diejenigen Fälle von Aphasie, in welchen die Sprachstörung dadurch charakterisirt erscheint, dass die Kranken unfähig sind, die Worte zu bilden — natürlich nicht in Folge von Lähmung der Sprachmuskeln.

Die 2. Gruppe umfasst die Fälle von Aphasie, in welchen eine unzweifelhafte Erschwerung des Wortverständnisses oder geradezu

Worttaubheit, natürlich bei erhaltenem Hörvermögen, besteht; man könnte diese Aphasien statt sensorische auch bestimmter akustische nennen.

Die 3. Gruppe umfasst die ganze Summe der Fälle, in welchen weder die Schwierigkeit, Worte zu bilden, noch das verlorene Wortverständniss das Charakteristische in der Sprachstörung ist. Die Fälle dieser Gruppe erscheinen unter sich sehr verschieden, manche geben das Bild sehr schwerer Paraphasie (Verwechslung von Worten oder Sylben), andere zeigen Verlust des Wortgedächtnisses (Amnesie), wieder andere scheinen Grashey'sche Aphasien zu sein.

Eine weitergehende Sonderung der Sectionsfälle von Aphasie war mir nach der Beschaffenheit des gegenwärtig vorliegenden Materiales unmöglich; namentlich gelang es mir nicht, eine genügende Anzahl von Fällen zusammen zu bringen, um einen Versuch zur Localisirung der Agraphie machen zu können; aus dem, was ich fand, gewann ich nicht den Eindruck, dass ein besonderes localisirtes Centrum für die Agraphie bestehe.

Auch die Zahl der Fälle, bei welchen einerseits der Sectionsbefund brauchbar ist und andererseits die Krankheitsgeschichte wenigstens ausreicht, zu bestimmen, welcher meiner 3 Gruppen sie angehören, ist im Verhältniss zu der Anzahl von Aphasie-Fällen in der Literatur sehr gering, obgleich ich diese eifrig durchstöbert zu haben glaube.

Ich leugne übrigens keineswegs, dass bei der Verwerthung der mir brauchbar erschienenen Fälle in der betreffenden Gruppe hier und da eine gewisse Willkürlichkeit gewaltet haben mag; es ist dies bei solcher Bearbeitung derartigen Materiales nicht zu vermeiden, doch mag Ihnen das, was ich jetzt sagen werde, wenigstens meine Unparteilichkeit verbürgen. Ich ging an das Referat als einer, der der strengen Unterscheidung verschiedener Formen der Aphasie, und einer über Broca hinausgehenden Localisirung derselben entschieden abgeneigt war; beim eingehenderen Studium des Materiales wurde ich erst allmählich durch die Thatsachen bekehrt. Wenn also das Resultat meiner Zusammenstellung, wie sie sehen werden, das weitergehende Localisirungsbestreben stützt, so kann nicht Voreingenommenheit meinerseits der Grund dafür sein.

Ich nahm, wie schon gesagt, nur die Fälle auf, in welchen die Läsion in den Hirnwindungen selbst oder unmittelbar unter denselben lag. Bei der Zusammenstellung bin ich sehr einfach vorgegangen: Ich habe mir die Oberfläche des linken Grosshirnes in gleich grosse Quadrate zerlegt und habe den Sectionsbefund in der Weise eingetragen, dass jedes Quadrat, welches überhaupt bei dem Falle von der Läsion besetzt war, die Nummer des betreffenden Falles erhielt; so besetzen also fast alle Fälle mehrere und manche sehr viele Quadrate. Um die Sache anschaulich zu machen, gab ich dann den verschiedenen Formen der Aphasie verschiedene Farben und zwar: der motorischen Aphasie roth, der sensorischen (akustischen) blau und der unbestimmten Aphasie schwarz.

Auf Tafel I sehen Sie die von mir gesammelten Sectionsbefunde bei Aphasie eingetragen; die Nummern der 71 Fälle gehen von 10 bis 80. Ich habe meine Nummernreihe mit 10 begonnen, damit ich nur zweistellige Zahlen einzutragen hatte, auf diese Weise habe ich vermieden, dass nicht in dem Tableau die eine Nummer (die zweistellige) stärker wirkt wie die andere (die einstellige).

Ich habe im Ganzen also nur 71 Fälle zusammengebracht von denen 7 doppelt zählen, weil nach der Krankengeschichte unzweifelhaft gleichzeitig motorische Aphasie und sensorische (mit Worttaubheit) oder schwere Amnesie vorlag. Die diesen Fällen angehörigen Nummern finden sich dann zweimal und in verschiedenen Farben, z. B. in der Broca'schen Windung roth und in der Wernicke'schen blau eingetragen.

So bin ich im Ganzen auf 24 motorische Aphasien, 18 sensorische (mit Worttaubheit) und 36 unbestimmte gekommen. An brauchbaren motorischen Aphasien hätte ich leicht viel mehr wie das doppelte zusammenbringen können, doch habe ich geglaubt, dass dies unnöthig sei, denn gerade über die Localisirung der motorischen Aphasie kann ein Streit kaum noch bestehen, auch reichen die 24 Fälle bei ihrer Einstimmigkeit völlig aus; hätte ich aber alle Fälle motorischer Aphasie aufnehmen wollen, so würde diese in dem

Tableau ein Uebergewicht bekommen haben, welches ihr nicht gebührt. Meiner Erfahrung und Ansicht nach ist die motorische Aphasie keineswegs so überwiegend häufig wie sie in der Litteratur erscheint, vielmehr beruht ihr Ueberwiegen in der Litteratur darauf, dass seit Broca die Autoren dieser Form, den aphasischen Störungen besondere Aufmerksamkeit geschenkt haben. So war z. B. unter den 6 Fällen echter Aphasie, welche ich in diesem Semester auf meiner Klinik hatte, kein einziger von echter motorischer Aphasie.

Der einfache Ueberblick über das Tableau zeigt nun schon, m. H., die Localisirung der motorischen Aphasie in der Gegend der Broca'schen Windung und der sensorischen (akustischen) Aphasie in der Gegend des Schläfenlappens. Die unbestimmten Aphasien (die schwarzen) erscheinen zunächst über dem ganzen Rand der Fossa Sylvii zerstreut, wenn sich auch nicht verkennen lässt, dass auch diese Fälle unbestimmter Aphasie (schwarz) in der Gegend der untern Stirn und oberen Schläfenwindung am dichtesten gehäuft sind.

Die Tafel II stellt dann die Rindenfelder für die Aphasie dar, wie sie aus der Zusammenstellung in Tafel 1 sich ergeben.

Um diese Tafel verständlich zu machen, gestatten Sie mir folgende kurze Erläuterung.

Die Hirnrindenläsionen auf Tafel I sind zum grössten Theil recht umfangreich. Es ist von Haus aus klar, dass die Hirnrinde nicht in dem ganzen Umfange, in welchem sie in den einzelnen Fällen getroffen ist, für die Aphasie verantwortlich gemacht werden kann. Vielmehr dürfte bei den meisten und namentlich bei den grösseren Läsionen, die Läsion der Hirnrinde zu einem Theile für die Entstehung der Aphasie ganz unwesentlich sein.

Welcher Theil der Läsionen der wesentliche sei, dies muss natürlich für jede der drei in meiner Zusammenstellung unterschiedenen Formen von Aphasie besonders bestimmt werden. Es kann dies so geschehen, dass man für jede der drei Formen den Bezirk der Grosshirnrinde, d. h. hier in meiner Zusammenstellung diejenigen Quadrate aufsucht, welche besetzt sein müssen, damit alle Fälle von

Aphasie der betreffenden Form mit ihren Läsionen vertreten sind. Die so gewonnenen Bezirke stellen die Rindenfelder für die Aphasie dar.

Für die motorische Aphasie und die sensorische Aphasie mit Worttaubheit gestaltet sich die Sache dann überraschend einfach. Die wesentlichen Läsionen sämmtlicher Fälle liegen für die motorische Aphasie in der Broca'schen Windung. für die sensorische in den hintern 2 Dritttheilen der obersten Schläfenwindung. oder anders ausgedrückt: unter den 24 von mir gesammelten Fällen von motorischer Aphasie findet sich kein einziger. bei welchem nicht die Broca'sche Windung und ebenso unter den 18 von mir gesammelten Fällen von sensorischer Aphasie kein einziger. in welchem nicht die Wernicke'sche Windung lädirt war. Mithin bestätigt meine Zusammenstellung für diese beiden Formen der Aphasie die Broca'sche und die Wernicke'sche Lehre.

Dies giebt Tafel II wieder. der rothgefärbte Bezirk ist das Rindenfeld der motorischen. der blau gefärbte das Rindenfeld für die Wernicke'sche sensorische Aphasie.

Weniger einfach. aber meiner Ansicht nach sehr interessant gestalten sich die Ergebnisse für die unbestimmte Aphasie. Auch für die ihr angehörigen Fälle fiel sofort in Tafel I auf. dass auch sie am zahlreichsten in der Broca'schen und in der Wernicke'schen Windung vertreten sind; einige finden sich in beiden Rindenfeldern wieder. Es fallen von den unbestimmten Aphasien auf beide Rindenfelder zusammen 58 %. auf das Rindenfeld der motorischen Aphasie allein 39 %. und auf das der sensorischen allein 33 % — einzelne Fälle gehören. wie schon gesagt, beiden an!

Auch die Mehrzahl der unbestimmten Aphasien beruht also auf Läsionen der Broca'schen oder der Wernicke'schen Windung.

Es bleiben noch ungefähr 40 % der unbestimmten Aphasien übrig. deren zugehörige Läsionen in der Hirnrinde in keiner dieser beiden Windungen liegen. Von diesen zwei Fünftel aller Fälle unbestimmter Aphasie hat nun über die Hälfte ihre wesentliche Läsion ungefähr in der Gegend wo der Gyrus angularis in den Hinterhauptslappen übergeht. Es ist dies sehr nahe der Stelle der Hirnrinde. deren Läsionen Hemianopsie oder Wortblindheit machen.

Man wird nicht umhin können, ein drittes Rindenfeld für die
Aphasie in dieser Gegend anzunehmen und dies um so mehr, als
die Läsionen, welche zur Aufstellung dieses dritten Rindenfeldes
nöthigen, zum Theil ganz beschränkte sind und weit von der Broca'-
schen und der Wernicke'schen Windung entfernt bleiben.

Das letzte Fünftel der Fälle vertheilt sich auf die Insel, auf
die zweite Stirnwindung und den Gyrus supramarginalis, d. h. auf
Stellen der Hirnoberfläche, welche durchweg entweder der Broca-
schen Windung oder der Wernicke'schen Windung sehr nahe
benachbart sind.

Mir scheint es erlaubt anzunehmen, dass in diesen Fällen die
Function der nahe liegenden Broca'schen oder Wernicke'schen
Windung, deren Bedeutung für die aphatischen Störungen erwiesen
ist, mitgestört war, um so mehr, als es sich in fast allen diesen
Fällen um ziemlich ausgedehnte Läsionen handelt.

Ich resumire, meine Herren, kurz das Ergebniss der bisherigen
Auseinandersetzungen über die Localisation der aphatischen Störungen
in der Grosshirnrinde wie folgt: die Läsionen der Grosshirnrinde,
welche gewöhnlich mit Aphasie verbunden sind, liegen in der
Broca'schen oder in der Wernicke'schen Windung oder am
an der Stelle wo der Gyrus angularis in den Hinterhauptslappen
übergeht, oder sie liegen einer dieser 3 Stellen so nahe benachbart, dass sie die Functionen dieser stören können.

Ich gebe gerne zu, dass die Anzahl der Fälle, welche ich zusammengestellt habe, keine grosse ist, ich hoffe, dass es bald gelingen soll, noch eine viel grössere Anzahl brauchbarer Fälle zu-
sammenzubringen. Mir scheint aber das Resultat der bisherigen Locali-
sirungsbestrebungen immerhin genügend sicher gestellt, um darauf
hinzuweisen, wie schön abgerundet in dem Lichte desselben die
Lehre von der Localisation der aphatischen Störungen erscheint.

Die 3 Rindenfelder der Aphasie zeigen nämlich höchst bedeut-
same Beziehungen zu den Centren der motorischen und sensorischen
Vorgänge, welche die wesentlichste Rolle beim Sprechen spielen:

1. Die Broca'sche Windung: Sie liegt ganz nahe dem Rindenfelde für die Sprachmuskulatur; dem Centrum für den Hypo-

glossus und Facialis, welches sich bekanntlich im untern Drittel des
Gyrus praecentralis findet. Die besondere Form der Aphasie, welche sich an die Zerstörung
der Broca'schen Windung knüpft, ist die motorische, bei welcher
bei weitem weniger das Verständniss der Worte und das Gedächtniss für dieselben als die Möglichkeit sie hervorzubringen gestört ist.

2. Die Stelle am Uebergange des Gyrus angularis in den Hinterhauptslappen: sie liegt in nächster Nähe des Centrums für die
optischen Wahrnehmungen im Hinterhauptslappen.

3. Die Wernicke'sche Windung (hintersten zwei Drittel der
obersten Temporalwindung): In dieser Gegend ist höchst wahrscheinlich ein Centrum für die akustischen Wahrnehmungen gelegen.

Die besondere Form, in der die Aphasie bei Läsionen dieser
beiden letzten Stellen auftritt, ist die der sensorischen in dem Sinne,
in welchem Wernicke diese aufgestellt hat. Die eine Hauptform
dieser sensorischen Aphasie ist die akustische Form oder die Aphasie
mit Worttaubheit. Das genauere Studium der optischen Form der
sensorischen Aphasie, der Aphasie mit Wortblindheit, steht noch aus.

Gewiss hat Wernicke Recht, wenn er sagt, dass für ein
richtiges Sprechen bei der Mehrzahl der Menschen das Wortverständniss, das Vorhandensein der akustischen Wort- und Lautbilder
viel wichtiger ist als das Vorhandensein der entsprechenden optischen
Vorstellungen, von den Buchstaben, Sylben und Worten, und dass also
durch das Verlorengehen des ersteren sicherer Aphasie hervorgerufen
werden wird.

Doch hat Charcot wohl auch Recht, wenn er meint, dass
dies bei verschiedenen Menschen verschieden sei und dass es Menschen gäbe, welche beim Denken und also auch beim Sprechen hauptsächlich mit optischen Vorstellungen arbeiten. Wie das Denken
und Sprechen des Menschen durch das Fehlen dieser akustischen
und optischen Vorstellungen, welche dasselbe begleiten, gestört wird,
darüber hat sich Wernicke für die akustische Form der sensorischen
Aphasie (die Aphasie mit Worttaubheit) sehr eingehend geäussert.
Ich beabsichtige nicht auf diese Seite der Lehre von der Aphasie
hier nochmals zurück zu kommen. Eines aber möge hier betont
werden, sensorische Aphasie mit Worttaubheit ist nicht identisch

mit Worttaubheit, so wenig wie die sensorische Aphasie mit Wortblindheit, identisch ist mit Wortblindheit.

Dies beweisen die Fälle von Worttaubheit ohne Aphasie (so
der schöne Fall von Lichtheim) und die Fälle von Wortblindheit
ohne Aphasie. Zur Annahme weiterer Rindenfelder für die Aphasie ausser den
dreien: in der Broca'schen Windung, in der Wernicke'schen
Windung und am Uebergange des Gyrus angularis in den Occipitallappen, nöthigt uns das mir bekannt gewordene Material nicht.
Allerdings finden sich bei 5 meiner Fälle (d. i. 14 %) die wesentlichen Läsionen in der Insel. Doch reichen die Läsionen bei all
diesen 5 Fällen bis in den vordersten Theil der Insel, d. h. bis dicht
an das hinterste Ende der Broca'schen Windung heran und es ist
meiner Ansicht nach durchaus erlaubt anzunehmen, dass in ihnen
auch die Function der Broca'schen Windung selbst mitgestört war.

In dem Lichte der Localisationslehre betrachtet, scheinen die
Aphasien, in welchen weder das motorische noch das sensorische
Moment als das absolut bestimmende hervortritt, und welche ich
demgemäfs als unbestimmte bezeichnet habe, zum grössten Theile
nur weniger entwickelte Formen der specifischen Aphasien, d. h. der
motorischen oder der sensorischen zu sein.

Wenn dies in den Krankheitsgeschichten nicht genügend hervortritt, so kann die Ursache davon sehr wohl darin liegen, dass
die Untersuchung bei Lebzeiten der Kranken in Bezug auf diesen
Punkt nicht weit genug geführt worden ist, meist wohl nicht weit
genug geführt werden konnte.

Schliesslich wollen Sie mir eine Bemerkung gestatten ebenso
im Interesse der Sache wie meiner selbst: Ich möchte entschieden
davor warnen, die Rindenfelder für die Aphasie als Rindenfelder für
die Sprache oder gar wie geschehen — als Sprachcentra zu bezeichnen.
Die Sprache, richtiger der Vorgang beim sprachlichen Sichverstän-
digen, ist, wie schon vor 16 Jahren Hitzig bemerkt hat, nicht nur
ein enorm complizirter, sondern auch ein sehr umfassender Prozess,
dessen Organe man sich wohl kaum so eng zusammengelagert
vorstellen darf. Es stellen vielmehr die 3 Rindenfelder für die
Aphasie lediglich die Stellen der Grosshirnrinde dar, von denen aus

nachdrückliche Störungen dieses complizirten Mechanismus am sichersten hervorgerufen werden können. — Ferner ist es selbstverständlich, dass die scharfe und gradlinige Begrenzung, welche diese Rindenfelder in meiner Figur gefunden haben, nicht in der Natur der Dinge begründet ist. Sie war aber bei dem Verfahren, welches ich zu ihrer Bestimmung allein anwenden konnte, nicht zu umgehen. Ich bin überzeugt und theile darin Exners Anschauungen, dass die Grenzen dieser Rindenfelder keineswegs scharfe sind. Ich bin ferner auch überzeugt, dass in den verschiedenen Gehirnen, d. h. in dem Gehirne verschiedener Menschen die Rindenfelder für die Aphasie nicht immer genau an den gleichen Stellen der Hirnrinde zu finden sein werden, dass vielmehr in dieser Hinsicht individuelle Verschiedenheiten bestehen. Denn es giebt gewiss individuelle anatomische Varietäten im Hirne, d. h. individuelle Abweichungen des Faserverlaufes und der Gruppirung der Ganglienzellen in der Hirnrinde, ausserdem aber erscheint es mir höchst wahrscheinlich, dass der Mechanismus, welcher bei der Erlernung der Sprache im Hirne ausgearbeitet wird, nach der verschiedenen Art des Unterrichtes und nach vielem anderen nicht nur in nebensächlichen Theilen, sondern selbst in seinen Haupttheilen bei den verschiedenen Individuen verschieden ausfallen kann. So mögen dann bei einzelnen Individuen auch die Punkte, von welchen aus am leichtesten eine nachdrückliche Störung dieses Mechanismus bewirkt werden kann, einmal an ungewöhnlichen Stellen liegen.

In den folgenden kurzen Skizzen der auf Taf. I wiedergegebenen Fälle ist die unterste Frontalwindung als F_3 die oberste Temporalwindung als T_1 bezeichnet.

✓ 10. (Kussmaul, Störungen der Sprache, 3. Aufl., pag. 168.) — Linkshändiger Herr, 66 Jahre alt, feingebildet. Störung der Sprache, weil Patient sich nicht auf die Worte besinnen kann. Aufforderung, etwas zu thun, versteht er nicht, „wie ein Mensch, der eine Aufforderung in fremder Sprache nicht versteht, und dem man sich durch Gesten deutlich machen muss". Er verblödete später bis zur Apraxie.

Sectionsbefund: Erweichung des vorderen Theiles des rechten Schläfenlappens in Ausdehnung eines Gänseeies.

✓ 11. (Kussmaul, pag. 166.) — Aphasie, vorübergehende Lähmung des rechten Armes, später beider Beine in Folge von Arterienthrombose. Sprachstörung bedingt durch Unfähigkeit die Sprachvorstellung festzuhalten (wie Grashey's Fall?).

Sectionsbefund: 2 Herde in der linken Hemisphäre: 1. ein 5,5 cm langer und 1,5—1,8 cm breiter Herd im vorderen Theile des Gyrus angularis; 2. ein 2 cm langer und 0.6 cm breiter am Uebergange des Gyrus occipitalis II in den Gyrus temporalis II.

12. (Simon, Berl. klin. Wochenschrift 1871.) — Sturz vom Pferde und Schädelfractur; plötzlich eingetretene Sprachlosigkeit ohne Lähmung, bei klarem Bewusstsein und Vermögen sich durch Zeichen zu verständigen. Vor dem Tode (nach 21 Tagen eingetreten) einige Besserung: es können einzelne Worte ausgesprochen werden.

Sectionsbefund: Knochensplitter der Tabula vitrea am linken Schläfenbeine herausgeschlagen steckt in der 3. linken Stirnwindung; diese, die anliegenden Theile der 2. und der Insel erweicht und mit Blutextravasaten durchsetzt.

13. (Simon.) — 73 jähriger Mann; keine Anamnese. Aphasie; Patient substituirt für die gewollten Worte andere; Lähmung der linken Körperhälfte.

Sectionsbefund: Der rechte Schläfenlappen fast ganz erweicht; links nur 3. Stirnwindung ganz hinten an ihrem Uebergang in die Fossa Sylvii in einer Ausdehnung von 1 cm in ihrer ganzen Dicke erweicht.

14. (Simon). 68 jährige Wittwe; früher keine Hirnsymptome; am 28. December schnell vorübergehende Bewusstlosigkeit; seitdem sprachlos: „bei vollständig freiem Sensorium ist die Fähigkeit, sich durch Worte auszudrücken, verloren gegangen; sie versucht sich durch Zeichen verständlich zu machen und stösst dabei ganz unarticulirte Laute aus; begreift man sie nicht, so stöhnt und schluchzt sie." Andeutungen einer rechtsseitigen Facialisparese, sonst keine Lähmungen.

Sectionsbefund: Capillarapoplexien in der 3. Stirnwindung links.

15. 58 jähriger Kutscher. In der Nacht vom 24. zum 25. December 1878 eingetretene Lähmung. Rechtsseitige Hemiplegie; spricht nur Djou Djou, oft rasch wiederholend. Versteht das gesprochene Wort nicht ohne Gesten. Isst und trinkt nur gefüttert. Lässt Harn und Koth unter sich; Intelligenz bessert sich, er wird reinlich, äussert Nahrungsbedürfniss, Echolalie, auch Aphasie bessert sich; ob er überhaupt Worte verstehen kann, bleibt zweifelhaft, nur die mündliche Aufforderung zum Aufsetzen, Handreichen, Niederlegen versteht er.

Section: Erweichungsherd an der Convexität durchschimmernd links. Die hintere Hälfte der 1. Schläfenwindung einnehmend, sich nach rückwärts verbreitend auf die Uebergangswindungen zwischen Schläfen-, Scheitel- und Hinterhauptslappen, auf den Hinterhauptslappen mit einem schmalen Ausläufer übergreifend, nach vorn und oberhalb der Fossa Sylvii nur ein schmaler Ausläufer in die unteren Partieen des Gyrus postcentralis.

16. (Lichtheim, Fall I). — 46jähr. Arbeiter, keine Anamnese. Sensorium frei. Sprache hochgradig gestört. Aufgefordert zu erzählen, bringt er in fliessender Rede eine grosse Anzahl von Worten hervor, in denen kaum das eine oder andere verständlich ist; einzelne kurze Worte als Antworten auf Fragen ganz correct; ebenso beim Nachsprechen. Er sucht durch Pantomimen nachzuhelfen. Gesprochene oder geschriebene Fragen versteht er gut. Lautlesen wie willkürliches Sprechen; willkürliches Schreiben analog; Copiren kann er ganz gut; leichte rechtsseitige Hemiplegie mit Betheiligung des rechten Facialis. Hydrops. — Tod frühestens 5 Wochen nach Erkrankung.

Section: Links Erweichung der Insel, sich auf den 2. Gyrus frontalis und über ca. 1½ cm des hintersten Endes des untersten Gyr. front. erstreckend; ferner sind die Spitze des Schläfelappens, der mittlere Theil der oberen Schläfewindung und die unteren Theile der Centralwindungen erweicht, Embolus in der Art. fossae Sylvii.

17. (Wernicke, Aphatischer Symptomencomplex, Fall 2). — 75jährige Frau, wird für taub gehalten, spricht wenig, Sprachschatz dürftig, verwechselt Worte, die einzeln genommen meist ganz correct sind. Motilität und Sensibilität unsicher; stirbt ein Jahr nach Eintritt der Sprachverwirrung.

Section: Links die ganze erste (d. Fossa Sylvii nächste) Schläfenwindung von ihrer Ursprungsanastomose mit der 2. Schläfenwindung ab, „ferner der ganze Ursprung der letztern aus der ersten Windung (Bischofs unteres Scheitelläppchen) und der äussere Theil ihres Längsverlaufes erweicht."

18. (Wernicke, Fall 8.) — 59jährige Frau. Rechtsseitige Hemiplegie incl. Facialis in den zum Munde gehenden Zweigen. — Spricht nur „ja". Sie versteht Nichts. Ob sie taub ist, lässt sich nicht feststellen; auf Gesten reicht sie die Hand und zeigt die Zunge.

Section: Links die ganze dritte (erste nach Wernicke) Stirnwindung mit Ausnahme des vordersten Drittheils erweicht, desgl. das untere Ende der beiden Centralwindungen und „das die Centralspalte von unten schliessende Stück der ersten". Nach hinten von denselben dehnt sich der Prozess in die Breite aus und nimmt hier das ganze Läppchen ein, welches durch die Anastomose der ersten und zweiten Schläfenwindung gebildet wird. Die Hinterhauptsspitze und die mehr median gelegenen Theile des Hinterhauptslappens haben ihre normale Consistenz bewahrt; der Schläfelappen ist dagegen grösstentheils erweicht, nur der Gyrus hippocampi zeigt normale Consistenz.

19. (Wernicke, Fall 10.) — 20jähriger Mann. 10—12 Tage vor seinem Tode Sprachstörung. Rechts der Facialis in der Mundpartie zweifelhaft, keine Extremitätenlähmung. Versteht das Meiste; Wortvorrath unbeschränkt. Verwechselt die Worte ohne es zu merken. Die „Uhr" nennt er „Uhr", dann aber das „Messer" auch „Uhr", das aufgemachte „Messer" eine „aufgemachte Uhr". Bei lautem Lesen liest er die Zeilen glatt herunter; setzt beliebig andere Worte

ein, wodurch ein unsinniges Gemisch von falschen und richtigen Worten ent-
steht; er glaubt richtig zu lesen.

Section: Links an der basalen Fläche des Gyrus hippocampi eine
groschengrosse grüne Verfärbung der Rinde. Schläfenlappen zum grössten Theil
von einem Abscess eingenommen. Das Mark der ersten Schläfenwindung in
seinen tiefern, dem Marklager zugewandten Theilen erweicht, die Markleiste
derselben erhalten, nur ödematös; die 3. Stirnwindung normal.

20. (Maragliano e Serpilli.) — 52jährige Frau. Seit einigen Monaten
Anfälle von Convulsionen im linken Facialis mit erhaltenem Bewusstsein. Vier
Wochen vor dem Tode plötzlich ohne Bewusstseinsverlust Lähmung der rechten
Gesichtshälfte, rechten Extremitäten und Aphasie. Sie versteht, wenn ihr Name
gerufen wird, man merkt deutlich, wie sie versteht, dass man sie ruft, dass sie
aber nicht antworten könne. Sie bringt nur unverständliche, einsilbige Worte
heraus und nur einmal gelingt es ihr, die erste Silbe ihres Namens auszusprechen.

Section: Hortensiafarbige Erweichung, wie aus der Figur ersichtlich,
in der unteren Hälfte des Gyrus frontalis ascendens, dem Ursprung des G. frontalis II und dem hinteren Theile von frontalis III.

21. (Bateman, on Aphasia. London 1868, pag. 48.) — 51jähriger Mann,
nach einem Ohnmachtsanfall Verwechselung von Objecten (er nimmt Essig statt
Pfeffer); spricht nicht von selbst. Antworten in möglichst wenig Worten. Er
scheint zu verstehen, was ihm gesagt wird, hat das Wortgedächtniss verloren;
wählt falsche Worte und ist darüber betrübt. Die Sprache ist articulirt. — Tod
nach mehreren Monaten.

Section: An dem Verbindungspunkte zwischen mittlerem und hinteren
Drittel l. Oberfläche eingesunken; graugelbe Erweichung von der Grösse
einer Aprikose im Centrum. Die Erweichung war durchaus auf das hintere
Drittel des Gehirnes beschränkt. Vorderer Lappen genau untersucht und Markstrahlung von hier zum Corpus striatum genau untersucht und gesund be-
funden.

22. (Weiss, Wiener med. Wochenschrift). 74jähriger Tagelöhner. Absolut
aphatisch; versteht nicht was gesprochen wird, obgleich er den Schall wahr-
nimmt, auch durch Gesten aufgefordert das Verlangte thut (Zunge herausstreckt,
Hand drückt). Rechtsseitige Hemiplegie. Nachschreiben (mit der l. Hand) ergiebt nur den ersten Buchstaben seines Namens in Spiegelschrift; stirbt nach
mehreren Monaten, ohne dass vorher irgend eine Aenderung eingetreten wäre.

Section: Embolie der l. Arter. fossae Sylvii; l. Zelleninfiltrat (Erweichung) der hinteren Hälfte der ersten Temporalwindung und der anschliessen-
den Partie des Hinterhauptslappens, sowie der oberen queren Schläfenwindung
(Heschl), sowie des unteren Scheitelläppchens. der Insel, des Corpus striatum,
Linsenkern, Claustrum und Capsula interna.

23. (Charcot et Pitres, Revue de med. 1879, pag. 140.) — 67jährige Frau. Plötzliche Lähmung der rechten Seite inclus. Facialis. weniger der Hand; sprachlos, Intelligenz normal, antwortet durch Zeichen.

Section: Fuss der 2. und 3. Stirnwindung und die untere Hälfte der vorderen Centralwindung links durch ein hühnereigrosses Extravasat zerstört, welches in die weisse Substanz und ein wenig nach hinten in die Insel übergreift.

24. (Tripier, Revue d. medic. 1880, pag. 134.) — 57jährige Frau. Am 7. Mai apoplectischer Anfall. Aphasie; versteht die Worte und ist ärgerlich, dass sie nicht antworten kann. Starke rechtsseitige Paralyse im Arm und Facialis mit Betheiligung des Orbicularis und Anästhesie. — Tod am 27. Mai.

Section: Links Erweichungsherd in der Mitte des Gyrus frontalis ascend., setzt sich auf den Fuss der 2. Frontalwindung in einer Ausdehnung von 1 cm Länge fort; 3. Frontalwindung scheint normal, doch findet sich bei genauerer Untersuchung im Fuss der 3. Frontalwindung in einer Ausdehnung von 5—6 mm die graue Substanz roth punktirt, die darunter liegende weisse Substanz grau mit Fettkörnchenkugeln; sonst normal.

25. (Tripier, Revue de med. 1880, pag. 138.) — 58jähriger Mann. Vor 2 Monaten vorübergehende Aphasie. Am 16. April rechtsseitige Lähmung mit Anästhesie und Aphasie; auf alle Fragen antwortet er: c'est que c'est que; er spricht einzelne verschiedene Worte gut aus, doch kann er die Objecte nicht richtig bezeichnen. „Es sieht nicht einmal so aus, als ob er das versteht, was man ihm sagt". Zunge ausstrecken, Arm aufheben führt er auf Commando aus. — Tod am 24. April.

Section: Psammon über der 3. Stirnwindung l., von der Grösse eines Weizenkorns; die Windung selbst intact. Kleiner nussgrosser hämorrhagischer Herd l. am vorderen unteren Ende des Pli courbe mit Erweichung der Umgebung; auf dem Durchschnitte 2 cm hinter der „Coupe pediculopariétale"; nach hinten setzt er sich 1 cm in die erste Temporalwindung fort.

26. (Grasset, Rev. de med. 1880, pag. 161.) — 90jähriger Mann, links-händig; unvollständige rechtsseitige Hemiplegie mit Aphasie: er verwechselt Worte. Hemiplegie bessert sich, Aphasie bleibt.

Section: In dem linken g. Parietal. ascend. ein alter Herd. Rechts in der Mitte der 1., im hintern Drittel der 2. und auf die 3. Stirnwindung über-greifende „Läsion".

27. (Westphal, Charité-Annalen, Bd. VII, 1882.) — 38jähriger Mann, allmählich entstandenes Leiden. Seit dem 10. August rechts gelähmt und aphatisch. Die Intelligenz als solche nicht unerheblich gestört, auch versteht er nicht immer, was man ihm sagt. Die Antworten sind undeutlich und die einzelnen Worte nur annähernd richtig. Die Aphasie schwindet allmählich.

Section: Hintere Centralwindung, Scheitelläppchen, besonders das untere, vor Allem die Supramarginalwindung gelblich, weich und atrophisch: Frontal- und Temporalwindungen normal.

28. (Dejérine, Rev. de med. 1885, pag. 174.) — 20jähriger Mann, nach mehreren Anfällen von Aphasie bleibt dieselbe seit dem 16. dauernd; anfangs Paraphasie, dann seit dem 20. vollkommene Aphasie. Es wird von Dejérine wiederholt betont, dass keine Spur von sensorieller Aphasie bestand; schliesslich sagt der Patient nur noch „bu, bu, bu" und antwortet „bu" auf alle Fragen, doch schreibt er vernünftige und richtige Antworten auf. Zahlen giebt er richtig durch Fingeranzahl an. Schwäche des rechten Arms. Tod am 24. in Convulsionen und Coma.

Section (cf. Figur): Tuberkelauflagerung an der Pia und Erweichung der oberflächlichen Rindenschicht.

29. (Scoresby Jackson, Edinb. med. journ. XII, pag. 696.) — 48jähriger Mann. Im August plötzlich rechtsseitige Lähmung mit Aphasie: spricht nichts wie „No, yes" und „Oh dear", ganz gelegentlich auch noch ein anderes Wort verständlich; oft „no" und „yes" ganz falsch; reagirt nicht auf seinen Namen; bei der Frage nach seinem Alter wird jede Zahl über 70 bejaht. Lässt den Stuhl unter sich. — Tod am 22. October.

Section: Grosse Erweichung im hinteren Theile der 3. Stirnwindung, untersten Theile der Centralgyri bis zur Insel; diese selbst, Spitze des Schläfenlappens, wohl auch die obere Temporalwindung; denn die untere war nur „slightly affected", Gyrus supramarginalis und angularis.

30. (Huglin Jackson, Med. Times 1866.) — 66jährige Frau, seit Jahren rechtsseitige Hemiplegie und Aphasie; Patientin vermag sich gar nicht verständlich zu machen, weder durch Worte, noch durch Zeichen; sie gebraucht sinnlos die verschiedensten Worte, schliesslich ist sie gar nicht mehr zu verstehen wegen „Defect of articulation".

Section: Walnussgrosser Herd in der l. Hemisphäre; die Erweichung setzt sich bis in die Insel fort, ohne die Windungen zu zerstören. Frontalwindungen schienen gesund.

31. (Sanders, Edinb. med. J., Bd. XI, pag. 817, 1866.) — 43jähriges Dienstmädchen; seit 11. November gelähmt, gest. am 10. Januar. Keine deutliche Lähmung; „Aphasia and Amnesia". Sie hat ziemlich viele Worte, verwechselt ähnlich klingende und verunstaltet sie, so dass sie zu ihrem grössten Kummer unverständlich bleibt; sie weiss, dass sie dies ist. Sie sagt nie „Yes Sir", „No Sir", sondern stets „Yes 'm'", „No 'm'" (ma-am). Die Amnesie wechselt: bald weiss sie ihren Zunamen und spricht ihn aus, bald nicht. Complete Agraphie.

Section: Ganz begrenzte Erweichung des hintersten Endes der untersten Stirnwindung. Sie greift ³/₄ Zoll tief auf die weisse Substanz über, bis in die unmittelbare Nachbarschaft des Corpus striatum (d. h. Linsenkern?).

꘏ 32. (Sander, Archiv f. Psych. u. N. II, pag. 45, F. 1, 1870.) — 41jähriger Mann, seit längerer Zeit r. gelähmt und aphasisch, spontan nur „na ja". „hier" als Antwort auf Fragen oft unpassend angebracht; er spricht ungeschickt nach und hält das Wort dann längere Zeit fest, rechnen kann er nicht; er holt ein Messer auf Verlangen, ohne dass er es nennen kann; er kann nur seinen Namen schreiben und diesen falsch. Beim Figurenzeichnen bringt er nur ein Dreieck zu Stande. Auch mit Gesten verneint und bejaht er oft falsch.

Section: Rechts Erweichung der oberen Schläfenwindung. Links die Insel und der hinterste Theil der 3. Stirnwindung erweicht; Corpus striatum, Linsenkern etc., 3. Sphenoidalwindung ebenfalls erweicht.

꘏ 33. (Sander, Arch. f. Ps. u. N. II, pag. 49, F. 2.) — 60jährige Frau: am 18. September plötzliche Lähmung auf der rechten Seite. Spricht spontan nur „Menne, Menne" und „ja"; versteht alles, ergreift den verlangten Gegenstand; nachsprechen kann sie nur die erste Silbe ihres Namens; sie kann nicht lesen und nicht schreiben, kann auch nicht Buchstaben auf Verlangen zeigen; 2×2 zeigt sie mit den Fingern 4; sie verwechselt Bewegungen. Unzweckmäfsiges Gesticuliren und Grimassiren, wenn sie nachsprechen soll. Sie weiss, dass sie falsch nachspricht.

Section: Grosser Erweichungsherd in der l. Hirnhälfte; Linsenkern nach aussen und vorne; vorderes Drittel der Insel und entsprechende Inselwindungen; Basalfläche der 3. Stirnwindung, kleiner Theil der hinteren Orbitalwindung, nach vorne geht der Herd bis auf 4¹/₂ cm an die Spitze.

꘏ 34. (Sander, F. 5.) — 59jährige Frau; rechtsseitige Hemiplegie mit Aphasie; epileptische Convulsionen. Spontan spricht sie nur unverständlich, ebenso unverständlich antwortet sie auf Fragen; einzelne Gegenstände benennt sie zum Theil richtig, doch werden die Worte dabei oft verstümmelt oder durch Zusätze unverständlich; verlangte Gegenstände findet sie heraus; sie zählt richtig (immer mit 1 anfangend) und hat die Vorstellung der richtigen Zahl. 5 Finger zählt sie richtig, doch kann sie 3 und 2 Finger nicht hochhalten. A B C und Vaterunser kann sie aufsagen.

Section: Telangiectasisches Gliosarcom 2¹/₄ : 1¹/₂ : 2 Zoll; Sitz in der hintern Hälfte der 1. Stirnwindung bis zur Scissura pallii; der vordere Theil der vorderen Centralwindung mit betroffen, die 2. Stirnwindung abgeplattet und verdünnt. Die Insel normal.

✓ 35. (Gogol, Dissert. Breslau, 1873). — 28jähriger Mann; Wortschatz dürftig; nachsprechen kann er; bald schwinden die Lautbilder; soweit er sprechen kann, kann er auch schreiben; beim Ablesen nach wenigen Worten leerer Wortschwall; Dictat schreibt er mit einigem Verständniss. Viele Begriffe fehlen ihm, die er früher hatte, doch ist die Intelligenz recht gut. Satzbildung absolut unmöglich.

Section: Linker Schläfenlappen zeigt bis 4 cm nach hinten von der Fissura Sylvii eine ockergelb verfärbte Partie, in grosser Ausdehnung das Operculum erkrankt; Insel frei (?). Untere Schicht der 3. l. Stirnwindung auch erweicht. Durchweg nur die Rinde erkrankt.

36. (Henschen, Neurol. Centralbl. 1886, No. 18, F. 2.) — 55jähriger Mann, anfangs totale atactische Aphasie; es hinterbleibt amnestische, bessert sich, aber nicht vollständig; Worttaubheit nicht sicher, Wortblindheit.

Section: Erweichung des l. Gyr. angularis.

37. (Henschen, N. Centralbl. 1886, No. 18, F. 3.) — 57jährige Frau; amnestische Aphasie und Paraphasie; atactische fraglich; keine Worttaubheit, Wortblindheit.

Section: Links Erweichung der vorderen Spitze des Gyrus temporalis 1 und 2 und des Gyrus angularis.

38. (Henschen, N. Centralbl. 1886, No. 18, F. 4.) — 29jähriger Mann; Schlaganfall, 14 Tage lang bewusstlos; Herabsetzung der Intelligenz, partielle Worttaubheit, Wortblindheit, amnestische, atactische Aphasie und Paraphasie.

Section: Grosse Erweichung l.; Temporal-, Parietal-, Frontal-, Centralwindungen zerstört bis zur Capsula interna.

39. (Luys, N. Centralbl. 1885, pag. 400; L'encephale 1885, No. 3.) — 61jährige Frau; kann kein Wort sprechen; versteht vor dem Ohre gesprochene Worte nicht; Blicke versteht sie.

Section: L. Broca'sche Windung normal, unter derselben in der Markstrahlung ein wenig ausgedehntes altes Blutextravasat; r. Läsionen des Corp. striatum.

40. (Broadbent [nach Kahler: „Zur Geschichte der Worttaubheit"], Prager Zeitschrift f. Heilkunde I. Bd., 1. Heft.) — 60jähriger Mann, apoplectischer Insult. Sprache ganz unverständlich, doch scheint er zu glauben, dass man ihn versteht. „if you please" wird verständlich; er antwortet auf Fragen, aber versteht sie nicht; verlangte Handlungen führt er nicht aus (Worttaubheit). Später „fand sich noch Wortblindheit" — Tod nach mehreren Wochen.

Section: L. Stirnwindungen frei; unterer Theil des Gyrus postcentralis, der Gyrus supramarginalis erweicht. Die Erweichung erstreckt sich nach rückwärts und oben bis auf ¼ Zoll an die Fissura longitudin., demnach das obere Scheitelläppchen mitergriffen; nach hinten den Gyrus angularis einnehmend bis fast zum Hinterhauptslappen; nach unten der hinterste Abschnitt der 1. und 2. Schläfenwindung erweicht. Schnitte zeigen, dass die Erweichung an der 1. Schläfenwindung ½ Zoll in die Tiefe reicht; am hintersten Ende der Fissura zeigt die Erweichung auf dem Querschnitte die grösste Ausdehnung; sie beginnt nahe der Fissura longitudinalis und geht bis an die Basis des Schläfenlappens.

41. (Kahler, Casuistische Beiträge zur Lehre von der Aphasie. Prager medicinische Wochenschrift 1885, No. 16.) — 37jähriger Mann. Embolie 1 Jahr vor dem Tode. Hat nur wenige Silbenreste zur Verfügung, tja, tjo, tscha, tscho, die er schnell nacheinander hervorstösst. Durch Modulation seiner Sprache und durch Gesten macht er sich gut verständlich; nachsprechen kann er nicht, sondern es kommen stets die obigen Laute heraus. Er erkennt Gegenstände und kann ihre Bezeichnung aufschreiben, wenn sie einsilbig sind; so auch beim antwortlichen Schreiben: nur einsilbige gelingen, wenn auch mit Versetzen von Buchstaben. Abschreiben kann er, doch nur so lange er die Vorlage stets vor sich hat; bei deutschen Vorlagen ist dieses deutlicher als bei czechischen (er ist Czeche). Fehler in der Schrift versucht er zu verbessern, was aber nur ausnahmsweise gelingt. Liest mit Verständniss.

Section: Links: Broca'sche Windung, sämmtliche Inselwindungen, die obere Schläfewindung und der obere Rand der mittlern erweicht; auch Claustrum. Capsula externa, Kopf des Nucleus candatus, äusserer und mittlerer Theil des Linsenkerns, Capsula interna in toto. Thalamus zum Theil erweicht.

42. (Wernicke, deutsche Medicinalzeitung 1883, No. 12 = Günther. Zeitschrift für klinische Medicin Bd. IX, pag. 16 [Fall 35]). — 50jähriger Mann. 1 Jahr vor dem Tode Aphasie nach epileptischen Krämpfen, Apraxie. Hält verwirrte unzusammenhängende Reden, versteht keine Frage, verblödet.

Section: Untere Windungen des Stirnlappens, erste Schläfewindung erweicht, leichte Atrophie des ganzen linken Hirns.

√ 43. (Günther, l. c. Fall 37). — 74jähriger Mann.
4 Wochen ante mortem Aphasie, versteht Fragen und Aufforderungen nicht, kann sprechen, spricht aber zusammenhanglos und verwirrt. Decubitus. Tod.

Section: Breiige Erweichung des hinteren oberen Theils des linken Schläfelappens und der angrenzenden Theile des Occipitallappens (soll heissen Parietallappens?).

√ 44. (Balzer, Progrès médicale 1884, pag. 97). — 62jähriger Mann. Mitte März 1882 plötzlich erkrankt. Auf Anrufen reagirt er nicht. Sprechen unmöglich, erkennt Personen und Gegenstände, auch deren Namen, sein Wortschatz sehr beschränkt. Schwäche der rechten Seite. November: Scheint oft zu verstehen, aber die gesprochenen oder mimischen Antworten ganz ungenügend. Er versteht nur was sich auf seine augenblicklichen Bedürfnisse bezieht und ausserdem einige bestimmte Fragen. Auf die Frage: wie er sich befindet, antwortet er immer: es geht gut, etwas besser. Nach vielem Vorsprechen kann er seinen Namen nachsprechen, um ihn sogleich wieder zu vergessen. Flucht auf deutsch. Aphasisch, agraphisch, alectisch, Zunge hervorzustrecken gelingt nur mit Schwierigkeit, oft gar nicht.

Section: Reine Rindenerweichung, Frontalwindungen auch auf Durchschnitten normal, s. Figur.

45. (Magnau, Gazette des hôpitaux 1883, pag. 470). — 55jähriger Mann. Seit 2 Jahren Sprachstörung, apoplectiforme Anfälle. Er versteht die Fragen nicht, liest mit Verständniss.

Section: Dritte Stirnwindung links: Les lésions ordinaires de l'aphasie. Erste und zweite Schläfewindung total erweicht, unter der ersten und zweiten Frontalwindung eine sehr ausgedehnte Erweichung der weissen Substanz.

46. (Magnan, Gazette des hôpitaux 1882, pag. 396.) — 64jähriger Mann. Schreibt auf Dictat, kann das Geschriebene nicht lesen. Aphasie.

Section: Links: Les lésions de l'aphasie à leur siège ordinaire, ausserdem eine sehr grosse Erweichung, welche sich (von dort?) bis zum Pli courbe und darüber hinaus ausdehnt.

47. (Magnan, Gazette des hôpitaux 1879, pag. 36). — 61jährige Frau. Rechtsseitige Lähmung, agraphisch, aphasisch, amnestisch, sagt nur toa toa.

Section: Insel und unteres Drittel der dritten Frontalwindung erweicht.

48. (Blanquinque, Gazette des hôpitaux 1877, pag. 861). — 42jähriger Mann. Rechter Arm schwach, versteht Alles, antwortet nur oui."

Section: Grosser Herd, der den unteren inneren Theil des linken Vorderlappens einnimmt, in der dritten Windung (Stirn?) mehrere Tuberkel, einer in F_3 dicht an der Rinde.

49. (Mann, Aphasia in brains diseaces; Alieuist and Neurologist, Vol. V, pag. 577). — 14jähriges Mädchen. Rechtsseitige Lähmung. Liest gut, versteht gut und antwortet durch Zeichen; spricht nur „ta" und „to", später „yes", „no", „tra", „bum"; scheint sehr verständig und liest viel für sich.

Section: Grosse weisse Erweichung im vorderen, hauptsächlich aber mittleren Lappen, das Corpus striatum mit ergreifend. Im hintersten Theile der dritten Stirnwindung links im Umfange einer kl. Wallnuss eine Erweichung.

50. (Serpilli, Rivist. freniatria, Anno 10, 1884). — 50jährige Frau. Psychose mit starker Agitation. Spricht gelegentlich spontan kurze Sätze ganz correct; zählt Geldstücke richtig. Analphabetin. Sie versteht kein Wort, keine Frage, und ihre Antworten sind demgemäss ohne jede Beziehung zur Frage, doch antwortet sie. Sie bezeichnet die Gegenstände mit falschen, aber an die richtigen anklingenden Worten; später linksseitige Hemiplegie. Decubitus. Tod.

Section: Erweichung der obersten Temporalwindung (T_1) und des oberen Drittels von T_2 in der ganzen Ausdehnung; kleine Erweichungen im F_1, in F_2 und F_3 (am vorderen Ende). Fuss von F_3 normal. Die Erweichung beschränkt sich überall auf die Rinde.

51. (Girandeau bei Serpilli, R. fren. 1884). — 46jährige Frau. Versteht nicht was man ihr sagt, liest Geschriebenes gut und antwortet mündlich oder schriftlich. Gehör gut.

Section: L. Gliosarcom von ungefähr 3 cm an der Spitze des Schläfelappens und 1 cm am unteren Rande der Fossa Sylvii (am hinteren Theile von
T_1 und T_2), an den entsprechenden Stellen die Hirnwindungen zerstört.

52. (Petrina bei Serpilli). — 30jähriger Mann. Versteht sehr unvoll-
kommen die Worte, beim Namen gerufen reagirt er nicht. R. Arm und Facialis
gelähmt. Gehör gut; ihn kann man nicht verstehen.
Section: L. Blutextravasat über den Windungen der Insel, am unteren
Theile der Frontal. ascend. und dem oberen vorderen Theile von T_1; unter dem
Blutextravasat an diesen Stellen die Rindenschicht erweicht und gelb.

53. (Heilly u. Chantemesse bei Serpilli, F. 15). — 24jährige Frau.
Sie versteht nicht, was man ihr sagt; obgleich sie genau aufpasst, scheint ihr
das Wort gar kein Bild oder Erinnerung wach zu rufen; das Wortgedächtniss
scheint nicht gleichmässig für Alles verloren. Lesen und Schreiben gänzlich
unmöglich. (Cecità verbale.) Gehör gut.
Section: L. oberer Rand des hinteren Abschnittes von T_1, der grösste
Theil des Lob. parietal. infer. und des Gyrus angularis erweicht. Insel und F_3
gesund.

54. (Monakow bei Serpilli. F. 18). — 70jähriger Mann. Drückt seine
Wünsche richtig mit Worten aus; versteht nicht ein Wort, obgleich das Gehör gut.
Section: R. alte Erweichungscysten, entsprechend dem Sulcus hippocampi
mit vollständiger Zerstörung des Cuneus und von O_1 und O_2. — L. frische Erweichung von O_2, O_5 und T_2 mit Betheiligung der Markstrahlung; an Stelle
von T_1 eine Cyste mit seröser Flüssigkeit.

55. (Rosenthal bei Serpilli, F. 19). — 37jähriger Mann. Sprache
auf wenige Worte reducirt. Versteht absolut nichts, was man fragt. Gesten
versteht er. Gehör gut. Linksseitige Lähmung.
Section: R. Encephalitis corticalis am Parietal. ascend. L. ein gleicher
Herd in T_1, welcher im hinteren Drittel zerstört und beträchtlich geschrumpft
ist. Auch der vordere Theil von T_2 zerstört.

56. (Claus bei Serpilli, F. 20). — 68jähriger Mann. Versteht keine
Frage; spricht ohne Anstoss; antwortet immer verkehrt.
Section: Links grosser Erweichungsherd. die ganze T_1 (ausser dem vorderen Drittel) einnehmend; die Rinde von T_1 und dem entsprechenden Rande
von T_2 braun verfärbt. Im vorderen Abschnitt von F_1 und F_2 thalergrosse
braune Verfärbung.

57. (Serpilli, zweite eigene Beobachtung). — 56jährige Frau. Potatrix;
Aufforderungen etwas zu thun, befolgt sie nicht, ausser wenn sie von Gesten
begleitet werden. Gehör gut. Auf alle Anreden antwortet sie: „gerade das.
eben das". Spricht selten, spontan. Auch Gegenstände bezeichnet sie „ebendas".
Articulation scheint nicht gestört. Psychich schwach; reinlich. — Stirbt nach
4 Wochen.

Section: L. hintere $^2/_3$ von T_2 mit der unteren Hälfte von T_1 und einem schmalen oberen Saum von T_3 erweicht. Rinde zerstört; die Erweichung greift 1—2 cm in T_1 und T_2 ein.

✓ 58. (Serpilli und Luciani [übersetzt von Fraenkel, Localisation der Functionen 1884, pag. 182. Fall 36]). — 50jährige Frau. Spricht beständig unarticulirtes Kauderwelsch vor sich hin; versteht die Worte nicht, obgleich sie nicht taub zu sein scheint (seelenblind). Stirbt einige Wochen später.

Section: Links Erweichung in T_1, T_2 und T_3 total; ganze Scheitelwindung, Gyrus supramarginalis und O_1, O_2 und O_3 ebenfalls total erweicht.

59. (Broadbent, Med. chirurg. Transactions 1872, Bd. 47, pag. 145. Fall 2). 42jähriger Mann. Rechter Facialis gelähmt. Spricht anfangs nur „ja" und „nein" und beantwortet, soweit möglich, Fragen damit richtig; später lernt er mehr Worte und wendet sie richtig an. Versteht wahrscheinlich von Anfang an Worte und später auch Fragen offenbar richtig. — Tod nach 3 Monaten.

Section: Links Abscess in F_2, welcher auf F_3 in der ganzen Länge übergegriffen hat, aber nur die weisse Substanz zerstört.

60. (Bonneville et Poirier, Bulletin de la société anatomique 1878, pag. 585. — 66jährige Frau. Allmählich entwickelte rechtsseitige Lähmung (Arm und Bein), sie sagt nichts als: „Ah mon Dieu, bon Dieu, oui, oui, non"; sie versteht die meisten Fragen, auf Verlangen runzelt sie die Stirn, schliesst die Augen, zeigt die Zunge etc.; sie ist etwas aufgeregt.

Section: Links Gliosarcom im untersten Theile von F. asc. und der hinteren Hälfte von F_2, welches auf F_1 und F_3 drückt und diese beiden auf die Hälfte verschmälert.

✓ 61. (Bulteau, B. d. l. s. an. 1877, pag. 282). — 61jähriger Mann. Rechtsseitige Lähmung ad motum et ad sensum. Intelligenz erscheint gut! er antwortet falsch und durcheinander „oui, oui, oui, non, non, non" und bringt zuweilen unverständliche Worte heraus. Er scheint ein wenig zu verstehen, was man ihm sagt. Später kann er alle Worte wiederholen, welche man ihm vorspricht, doch kann er nicht einen ganzen Satz sprechen.

Section: Links mittlerer Theil von F_1, Lobulus parietalis superior und Lobul. occipital. theilweise zusammengefallen durch einen Erweichungsherd im unteren Theile des Corpus callosum und im Occipitallappen. F_3, besonders der hintere Theil desselben, normal.

✓ 62. (Goetz, B. d. l. s. an. 1876, pag. 83). — 17jähriger Mensch. Plötzliche Aphasie, er will sprechen, aber er kann seine Gedanken nicht ausdrücken. Wenn man ihn ausspricht, versucht er zu antworten, kommt aber damit nicht zu Stande, z. B. Frage: où avez-vous mal; Antwort: Monsieur! oui, oui — trop trop —

Section: Tuberkulose der Pia; rechts und links Frontallappen normal; im Gyrus supramarginalis eine Tumor von der Grösse einer kleinen Nuss, in seiner Umgebung die Hirnsubstanz erweicht.

M 63. (Hervey, B. d. l. s. au. 1874, pag. 29). — 56jähriger Mann. Morbus Brightii. Ambidexter. Am 2. December plötzlich Aphasie, Facialis rechts paretisch; bringt nur unarticulirte Laute hervor; spricht mühsam, wenn die einzelnen Silben vorgesagt werden, seinen Namen Ramberg nach; se' reibt seinen Namen und einige andere Aufzeichnungen. Am 5. Dec. antwortet er „un peu". am 6. Dec. „mal partout". — Tod am 7. December.

Section: Links ein Herd im Frontal. ascend., wo F_3 von demselben abgeht, $3^1/_2$ cm gross, nicht 1 cm tief. Ein zweiter Herd L. in F_3 „dans ce point où après avoir décrit une inflexion à concavité supérieure elle s'est retirée et va se rencourber en formant une convexité supérieure", von der Grösse eines silbernen 20-Centimessstückes.

M 64. (Lépine, B. d. l. s. an. 1874, pag. 363). — 30jähriger Mann. Apoplexie am 21. März. Intelligenz gut; Schwierigkeit beim Sprechen; er verwechselt Sylben beim Aussprechen von Eigennamen; seinen Namen kann er nur richtig sagen, wenn er ihm vorgesprochen ist. Keine Amnesie (?). er kann alle Objecte benennen. Tod am 15. April durch neue Apoplexie.

Section: Ausser den Herden der neuen Apoplexie (rechts und links im Corpus striatum und Umgebung) l. ein gelber Herd von der Grösse einer kleinen Nuss, die erste Inselwindung und die benachbarte weisse Substanz betreffend.

M 65. (Baltzer, B. d. l. s. an. 1874, pag. 783.) — 62jährige Frau. Anfang 1874 und am 21. August 1874 apoplectische Insulte; nach dem letzten Aphasie: sie wird leicht erregt und markirt, durch Fragen bedrängt, dass sie nicht sprechen kann. Ein vorgehaltenes Glas benennt sie. nachdem sie mehrere Male sich bemüht, richtig; dann nennt sie einen anderen Gegenstand. z. B. eine Gabel, auch „Glas", bis man sie auf ihren Irrthum aufmerksam macht, dann bringt sie nach einer neuen Reihe von Versuchen das richtige Wort heraus. Sie versteht, was man ihr sagt und beträgt sich vernünftig.

Section: Links Tumor der Pia mater, die Frontalwindungen, in Sonderheit F_3 comprimirend; diese atrophirt.

M 66. Ogle. St. Georg's Hospital Reports II, 1867, F. V, pag. 105.) — Mann von 25 Jahren; apoplectischer Anfall, schlaffe Lähmung der rechten Seite; spricht nur „ja" und „nein", welche Worte er richtig anwendet, allmählich lernt er längere Worte brauchen, hauptsächlich einsilbige; er schreibt mit der linken Hand leidlich, doch z. B. „Testatament" statt „Testament", versteht Alles und zeigt sich intelligent. — Tod 10 Wochen nach dem Insult.

Section: Links der hintere Theil von F_3 erweicht. Die Erweichung $^3/_4$" gross am hintersten Ende. nur ein schmaler Saum von F_3 an der 'Grenze des Gyr. front. arc. frei. Eine 2. Erweichung im Centrum semiovale nach aussen und etwas nach unten vom Corpus striatum gegen das hintere Ende von Fossa Sylvii hin.

67. (Ferrand Gaz. Hebdom. 1864, pag. 140.) — 61jährige Frau. Rechts gelähmt incl. Facialis. Spricht nur „mami", einmal versteht man „non". Intelligenz nicht ganz frei. Die Kranke versteht, was man ihr sagt; doch sind die mimischen Bewegungen nicht ganz präcise. Auch bejaht sie oft, wo sie verneinen will (durch Kopfbewegungen). Sie hebt zwei Finger auf, wenn man vier verlangt und drei, wenn fünf verlangt sind. Doch ist es leicht an ihrem Gesichtsausdrucke zu sehen, dass sie verstanden hat, was man verlangt und dass ihre Gesten oft mit der Idee, welche sie ausdrücken will, nicht übereinstimmen. Section: Links erweicht T_1 ganz, F_3 die untere Hälfte des vorderen Theiles (de la portion adhérente) mit der benachbarten Orbitalwindung, ebenfalls von F_3 der hintere Theil der untern Hälfte mit den drei benachbarten Inselwindungen, die Insula Reilii und das Corpus striatum in seinem vordern Drittel.

68. (Stachler, Progrès médical 1879, 405.) — 50jährigeFrau. Monoplegie des rechten Armes; hat für viele Worte das Gedächtniss verloren, muss sich auf den Namen ihrer Kinder zwei Tage lang besinnen; spricht langsam, schwer verständlich, verwechselt Worte. Section: F_3 in ihren hintern drei Vierteln fast ganz zerstört, nur wenige erweichte Reste. An der Erweichung nehmen Theil kleine Abschnitte von F_2, nächst benachbart von F_3, dann das Inselläppchen, ein Theil des Linsenkernes und vom Centrum semiovale le faisceau frontale inférieur et moyen.

69. (Prévost et Cotard, Gazette médicale de Paris, 1866, pag. 310.) — 67jährige Frau. Seit mehr als 6 Monaten aphatisch und rechts gelähmt; sie wiederholt manche Worte, weiss ihren Namen; Intelligenz ziemlich erhalten; sucht sich durch Gesten verständlich zu machen. Section: Links erweicht hintere Partie von T_1, Erweichung reicht bis zum hinteren Theil des Corpus striatum, Capsula interna zerstört; F_3 gesund.

70. (Lucas Champonnière, Bulletin de l'académie, 1875, pag. 202.) — 54jährige Frau. Nach längeren Schwindelerscheinungen am 15. Februar Aphasie ohne Lähmung. Bewusstsein fast vollkommen frei; ist unglücklich, dass sie nicht ausdrücken kann, was sie sagen will. Spricht einige unzusammenhängende Worte; ihren Namen kann sie nicht sagen, wenn man ihr aber den ersten Theil vorsagt, spricht sie die letzte Silbe, wenn auch mühsam, aus. Sie kann kein Wort schreiben. — Tod am 7. März. Section: Sehr beschränkte oberflächliche Erweichung im vorderen Theile von F_3, welche auch einige kleine Partieen der Insel einnimmt.

71. (Ed. Cruveilhier. Bull. de l'acad. an. 1873, pag. 858.) — 45jähriger Mann. Schädelfractur 12. XI. Kann viele Worte nicht aussprechen, indessen reichlicher Wortschatz mit Satzbildung. Schreibt seinen Vatersnamen erst falsch (Stornay), dann richtig (Simon) auf, findet nicht die Namen der Gegenstände, doch kennt er sie; versteht oft nicht die Fragen oder hört sie nicht; später antwortet er etwas, doch wenig verständig.

Section: Links im hinteren Theile von F₃ oberflächlicher Substanzverlust, umfangreiche Zerstörung des Schläfenlappens (Lobulus sphenoidalis) bis zu einer Linie, welche die Fortsetzung der Fossa Sylvii nach hinten bildet.

$\sim$ 72. (Vernet, Bulletin de l'académie, 1882, pag. 450.) — 25. September ohne Bewusstseinsverlust rechtsseitige Lähmung und apopl. Insult mit rechtss. Lähmung und Aphasie. Er findet grosse Schwierigkeiten sich auszudrücken, antwortet aber gelegentlich leidlich auf Fragen; meist findet er nicht die Namen der Objecte, obgleich er sie kennt. Allmählich wird das Vermögen, sich auszudrücken, immer schwieriger, obgleich die Gedankenbildung (l'idéation) ungestört bleibt. — Tod am 14. October.

Section: Blutextrasavat in der weissen Substanz ganz nahe den Inselwindungen, F₃ und sonstiges Hirn normal.

$\sim$ 73. (Marie, Bulletin de l'académie, 1882, pag. 58.) — 70jährige Frau, spricht nichts ausser „ha", „ha", giebt die Hand Personen, die sich dem Bette nähern, erkennt die Krankenwärter; man kann nicht klar darüber werden, ob sie versteht, was man zu ihr sagt; mit Rücksicht auf ihren Geisteszustand kann man nicht behaupten, dass sie worttaub ist.

Section: Erweichung der hinteren ²/₃ der Inselwindungen, greift nach hinten mehr in die Tiefe bis zur Capsula interna, setzt sich nach vorn bis unter F₃ fort.

$\sim$ 74. (Matthieu, Bull. de l'académie, 1881, pag. 315.) — 49jähriger Mann. Frische Apoplexie mit Aphasie. Er scheint Alles zu verstehen und antwortet richtig durch Gesten mit „ja" oder „nein" auf Fragen, wobei er eine auffallende Klarheit über Alles, was mit ihm vorgegangen ist, zeigt. Mündliche Antworten stellen nur ein absolut unverständliches „Bredouillement" (Stottern?) dar.

Section: Bluterguss unter der linken Insel, welcher diese gänzlich abhebt und die Grenzen der Insel nach vorn und hinten um 2—3 cm überschreitet.

$\sim$ 75. (Gaillard, Bulletin de l'académie 1880, pag. 595.) — 32jähriger Mann. Mitte August Anfall mit Aphasie und rechtsseitiger Lähmung. Kann die meisten Objecte nicht benennen, besitzt aber einen ziemlich bedeutenden Wortschatz. Wiederholt oft dieselben Worte. Intelligenz sehr schwach. 15. September. Aphasie wenig gebessert, kann lesen, schimpft auf seine Frau, weil sie ihn nicht mitnehmen will, wiederholt immer, dass er das Hospital verlassen will. Aphasie bessert sich später etwas, Antworten besser, lernt Worte. — Tod am 10. November.

Section: Die ganze „Broca'sche Windung", Lobulus parietalis inferior und Insel in der ganzen Dicke erweicht.

$\sim$ 76. (Broadbent, Medic. chirurgical. transactions., Bd. 55 [1872], pag. 146.) 70jährige Frau. Bewusstlosigkeit von einigen Stunden. Beträgt sich ziemlich unverständig und wird von dem Gedanken beherrscht, eine kleine Geldoperation auszuführen, dem sie, wie es scheint, mit übermässiger Consequenz nachhängt.

Kann sich nur durch Gesten verständlich machen, bringt aber im Affect wiederholt ganz passende Antworten von immer nur wenigen Silben hervor; ob worttaub, nicht zu ersehen.

Section: Hinteres Ende von F_3 und unterer Rand des Supramarginal. gyrus, welcher sich auf die angrenzenden Inselwindungen ausdehnt, afficirt. Atrophie des Schwanzes d. Corpus striatum.

✓ 77. (Sabourin, Société anatomique, 1876.) — Aphasie. Die Patientin besitzt einige Worte und kann vorgesprochene Worte nach einigen Versuchen nachsprechen. Section vergl. Fig.

✓ 78. (Wilbrandt, Seelenblindheit, pag. 180.) — Liest meist von längeren Worten die erste Sylbe richtig, dann selbstgebildete Wortendigungen. Kann die meisten Gegenstände mit ihrem Namen bezeichnen und kurze Worte manchmal richtig lesen; für einzelne Gegenstände findet er die richtigen Worte nicht, oft gebraucht er falsche Namen und Substantive. Rechtsseitige Lähmung. Hemianopsie.

Section: Linker Occipitallappen atrophisch, Erweichungsherd an der unteren Fläche der mittleren Hälfte der dritten Schläfenwindung.

79. (Jastrowitz, Centralbl. für practische Augenheilkunde, 1877, pag. 254, nach der von Herrn Jastrowitz gütigst mitgetheilten Krankengeschichte ergänzt.) — Aelterer Herr. Aphasisch, kann nicht nachsprechen, Gegenstände nicht benennen; er sagt dann immer: er kennt es schon, aber er kann (den Namen) nicht (nennen). Lesen kann er nicht, „weil ihm dann Alles gleich irritirt wird". Antwortet auf Fragen mit „ja" und „nein", aber auch mit langen Phrasen: „ich empfehle mich Ihnen, Herr Doctor". Versteht was zu ihm gesagt wird. Rechtsseitige Hemianopsie.

Section: Erweichung des ganzen Hinterhauptslappens.

80. (Oppenheim, Charité-Annalen 1885, pag. 346, Fall 4.) — 63jährige Frau. Wechselnd aphatisch. Wortschatz nicht gering, d. h. an Worten, die sie nachsprechen kann, spontan vermag sie nicht zu sprechen, sie verdoppelt die Silben und hängt neue an beim Nachsprechen; manche einfache Aufträge führt sie richtig aus, doch ist das Wortverständniss sehr gering.

Section: Rechts dritte Stirnwindung!! zufällig? Links grösster Theil des Schläfelappens erweicht, ebenso grösster Theil der Insel. Stirnwindungen

Urch Phu

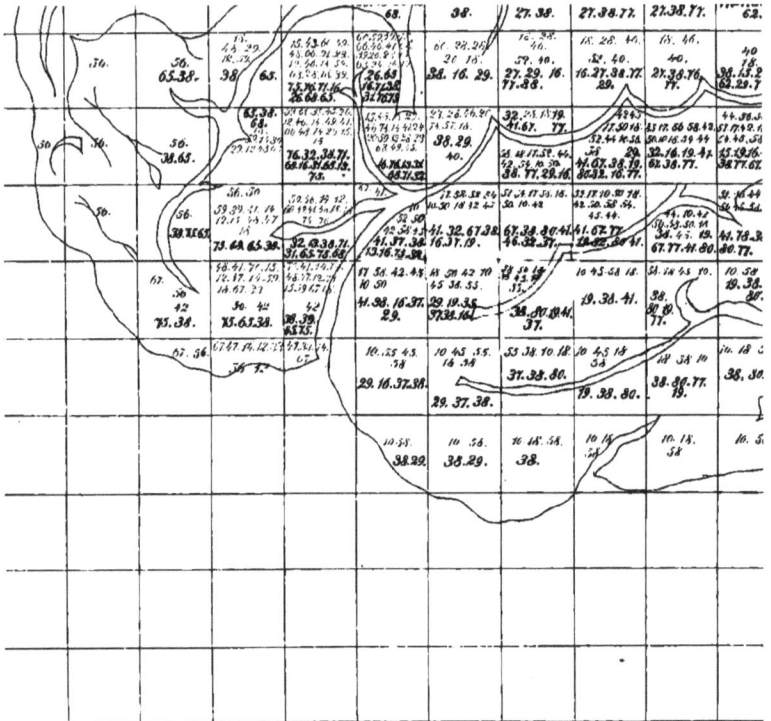

Fälle motor.
Fälle von Ap
Fälle von un

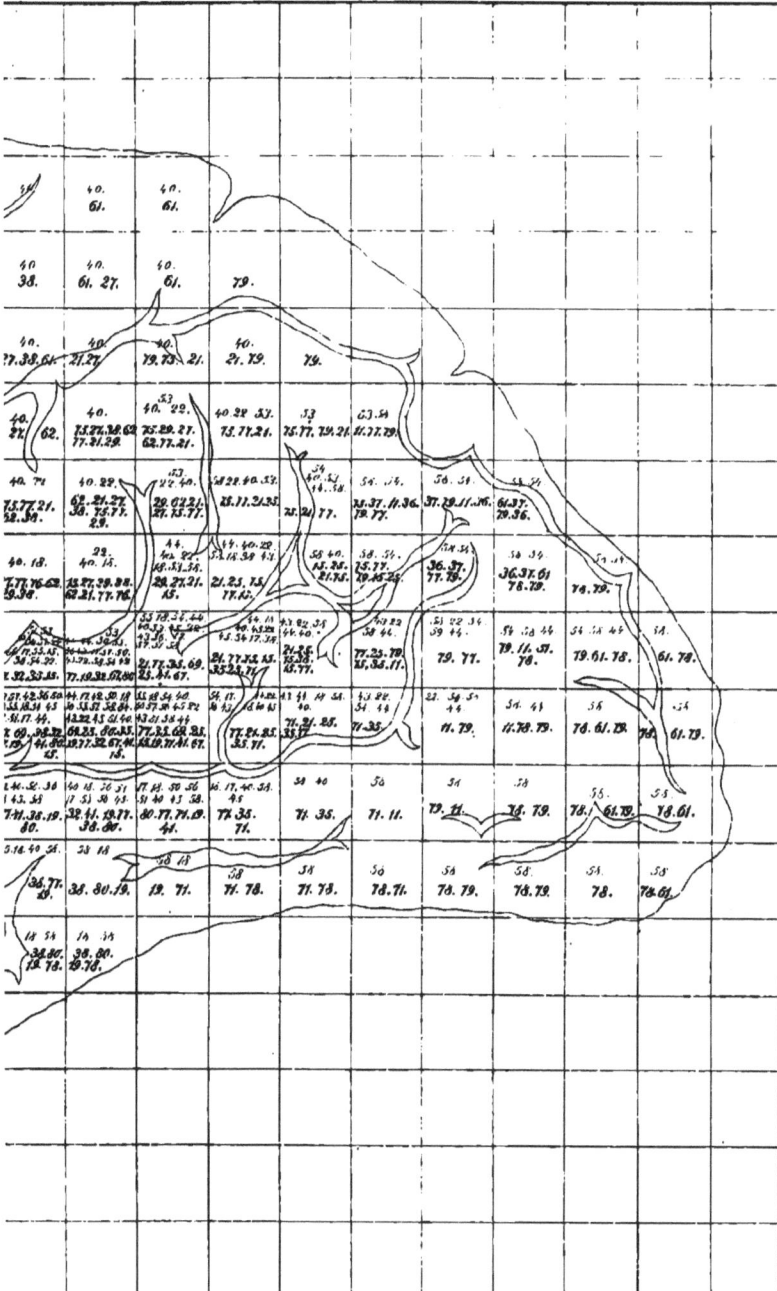

H. Stürtz, koenigl. Univers. Druckerei (vorm Thein) Würzburg.

er Aphasie.

ie mit Worttaubheit.

timmter Aphasie.

▭	*Rindenfeld für*
▬	*Rindenfeld für*
▬	*Drittes Rindenfe*

H. Stürtz, königl. Univers. Druckerei (vorm. Thein) Würzburg.

torische Aphasie (Broca)
hasie mit Worttaubheit (Wernicke)
ïr Aphasie (mit Wortblindheit?)